Hossam Mahrous Ebeid

# Efeito da alimentação com propionibactérias no desempenho dos animais em lactação

Hossam Mahrous Ebeid

# Efeito da alimentação com propionibactérias no desempenho dos animais em lactação

ScienciaScripts

**Imprint**



Cover image: www.ingimage.com

This book is a translation from the original published under ISBN 978-620-2-30660-7.

Publisher:
Sciencia Scripts
is a trademark of
Dodo Books Indian Ocean Ltd. and OmniScriptum S.R.L publishing group

120 High Road, East Finchley, London, N2 9ED, United Kingdom
Str. Armeneasca 28/1, office 1, Chisinau MD-2012, Republic of Moldova, Europe
Printed at: see last page
**ISBN: 978-620-8-20925-4**

# RESUMO

Este estudo foi realizado para avaliar o efeito da alimentação suplementar com propionibacterium P169 sobre o consumo, a digestibilidade, os parâmetros ruminais, os metabolitos do plasma sanguíneo, a produção de leite, a composição do leite e a composição da gordura do leite. Seis búfalas lactantes no início da lactação, após quatro dias do parto, foram divididas em três tratamentos, utilizando dois blocos 3x3 com três períodos experimentais sucessivos. Cada período teve a duração de 30 dias. As búfalas foram alimentadas com um dos três tratamentos dietéticos: rações constituídas por 70% de mistura de alimentos concentrados (CFM) e 30% de forragem grosseira [20% de bérberis (B) e 10,0% de palha de arroz (RS)] em base de matéria seca como controlo (1). Os tratamentos dietéticos foram: ração de controlo mais 2 g de Dairy ProP169® (6 x $10^{10}$ CFU /cabeça/d, dose baixa) (*Propionibacterium freudenreichii* estirpe P169) (2); e ração de controlo mais 4 g de Dairy ProP169® (1,2x$10^{11}$ CFU, dose alta)/cabeça/dia (3). Enquanto isso, a cinética ruminal foi estudada em 3 carneiros Rahmni maduros sob um desenho experimental e condições semelhantes aos dos búfalos.

Os resultados mostraram que a ingestão de matéria seca não foi significativamente diferente (P>0,05) entre os tratamentos e o controlo. Não houve efeito dos tratamentos na digestibilidade dos nutrientes e no valor nutritivo. A produção de leite, 4% FCM com grupos tratados foram insignificantemente (P>0.05) aumentados do que os do controlo. Não foram detectadas diferenças significativas (P>0,05) entre o controlo e os tratamentos na composição do leite e nos ácidos gordos do leite. O propionato ruminal aumentou (P<0,05) e o isobutirato e a relação acetato/propionato diminuíram (P<0,05) com o grupo tratado com baixa dose de P169. Não houve diferença (P>0,05) na cinética ruminal, pH, amónia, AGT e AGVs individuais (acetato e butirato) entre os tratamentos. Os parâmetros do plasma sanguíneo não foram (P>0,05) afectados pelos tratamentos. Pode concluir-se que a suplementação das rações com Dairy Prop P169 pode ter um efeito ligeiro no desempenho das búfalas em lactação.

**Palavras-chave:** propionibactérias, digestibilidade dos nutrientes, parâmetros sanguíneos, produção de leite, composição do leite, búfalas em lactação

!!

# RECONHECIMENTO

***Graças a Alá que me dá tudo o que tenho.***

*Gostaria de expressar os meus sinceros agradecimentos ao meu orientador principal,* ***Dr. Abd El-Rahman Mahmoud Abd El-Gawad****, Professor de Nutrição Animal, Faculdade de Agricultura, Universidade do Cairo, pela sua corajosa supervisão, sugestão do problema, orientação valiosa e total cooperação. Gostaria também de agradecer ao meu co-orientador,* ***Dr. Taha Mohamed El-Bedawy,*** *Professor de Nutrição Animal, Faculdade de Agricultura, Universidade do Cairo, pela ajuda pessoal que me deu na minha experiência de investigação. Foi realmente uma honra concluir o meu doutoramento sob a sua supervisão, por toda a orientação que me deu.*

*Devo um grande agradecimento ao meu orientador,* ***Dr. Abd ElKader Mahmoud Kholif.*** *Professor Investigador de Produção Animal Leiteira, Centro Nacional de Investigação. Não há palavras para explicar o quanto aprecio as oportunidades e experiências que me permitiu obter sob a sua supervisão. Foi verdadeiramente uma honra concluir o meu doutoramento sob a sua orientação. Aprecio e agradeço ao* ***Dr. Hussein Azzaz Abd El-Fattah e*** *ao* ***Dr. Tarek Morsy, do*** *Departamento de Ciência dos Produtos Lácteos do Centro Nacional de Investigação, pelo seu tempo e ajuda com a tese.*

*Gostaria de expressar o meu apreço e agradecimento à* ***Bio-Vet, Inc (****Blue Mounds, WI), especialmente ao* ***Sr. Bill Helwig****, Diretor de Marketing da Bio-Vet, Inc, pela ajuda e pelo fornecimento dos inoculantes bacterianos para a realização desta investigação.*

*Estou grato à minha família pela sua ajuda e encorajamento para continuar a minha educação. Agradeço sinceramente aos meus irmãos (****Kareem e Mohamed)****, às minhas irmãs, à minha mulher, aos meus filhos (****Mariam e Mohamed)*** *e aos meus amigos pela sua paciência e encorajamento durante a realização deste trabalho.*

# LISTA DE ABREVIATURAS

| | |
|---|---|
| **A.O.A.C** | : Association of Official Agriculture Chemists |
| **ADF** | : Acid detergent fiber |
| **ADL** | : Acid detergent lignin |
| **BW** | : Body weight |
| **C** | : Control ration |
| **C.F** | : Cited from |
| **CF** | : Crude fiber |
| **CFD** | : Crude fiber digestibility |
| **CFM** | : Concentrate fed mixture |
| **CFU** | : Colony forming unit |
| **CH** | : Clover hay |
| **CP** | : Crude protein |
| **CPD** | : Crude protein digestibility |
| **d** | : Day |
| **DCP** | : Digestible crude protein |
| **DE** | : Digestible energy |
| **DFM** | : Direct fed microbial |
| **dl** | : Deciliter |
| **DM** | : Dry matter |
| **DMD** | : Dry matter digestibility |
| **DMI** | : Dry matter intake |
| **EE** | : Ether extract |
| **FCM** | : Fat corrected milk |
| **g** | : Gram |
| **GE** | : Gross energy |
| **h** | : Head |
| **hrs.** | : Hours |
| **Kcal** | : Kilocalorie |
| **Kg** | : Kilogram |
| **L** | : Liter |
| **LE** | : 1 pound Egyptian currency = 100 piasters |

| | |
|---|---|
| **mg** | : Milligram |
| **ME** | : Metabolic energy |
| **ml** | : Milliliter |
| **N** | : Nitrogen |
| **NDF** | : Neutral detergent fiber |
| **NFE** | : Nitrogen free extract |
| **NFED** | : Nitrogen free extract digestibility |
| **$NH_3$** | : Ammonia |
| **$NH_{3}$-N** | : Ammonia nitrogen |
| **NRC** | : National Research Council |
| **OM** | : Organic matter |
| **OMD** | : Organic matter digestibility |
| **pH** | : Minus log of hydrogen ion potential |
| **RS** | : Rice straw |
| **SNF** | : Solids non fat |
| **TDN** | : Total digestible nutrients |
| **TS** | : Total solids |
| **TVFA's** | : Total volatile fatty acids |
| **VFA** | : Volatile fatty acids |
| **W** | : Weight |
| **$W^{0.75}$** | : Metabolic body weight |

# ÍNDICE

# CAPÍTULO 1
# INTRODUÇÃO

Os búfalos egípcios são considerados um dos animais de criação mais importantes, mantidos para fins duplos (produção de leite/carne). Existem cerca de 4 milhões de búfalos, representando 47% dos animais leiteiros no Egito (FAO STAT., 2010), que contribuem com 47% (2 725 000 toneladas) da produção total de leite (5 742 400 toneladas) no Egito. O Egito sofre de um enorme défice de produção de leite e carne, detectado na importação anual de leite e carne. São muitos os factores que influenciam a produção de leite, sendo o processamento da alimentação um dos factores mais importantes, que determinam a qualidade e a quantidade de dietas com teores de proteínas e energia.

A necessidade de glicose e outros substratos energéticos aumenta dramaticamente quando a vaca leiteira passa da gestação para a lactação. Se essas necessidades não forem atendidas, a saúde da vaca e a produção de leite podem ser comprometidas (Weiss *et al.* 2008). O propionato derivado da ruminação é o principal precursor da gluconeogénese nas vacas leiteiras em início de lactação (Reynolds *et al.* 2003), a eficiência teórica do propionato como fonte de energia sob a forma de ATP é de 109% em comparação com a glicose (McDonald *et al.* 1987). A eficiência de utilização para a manutenção do ácido propiónico é de 0,86 contra 0,59 para o acetato e 0,76 para o butirato (McDonald *et al.* 1987), assim, o aumento da síntese ruminal de propionato pode aumentar o fornecimento de glicose, reduzir a cetose e fornecer mais substrato para a síntese de lactose.

O método mais comum para aumentar a produção de propionato no rúmen é alimentar com mais cereais (ou seja, amido). No entanto, a alimentação com dietas ricas em cereais e o aumento abrupto da ingestão de cereais favorecem o crescimento de bactérias produtoras de lactato, como *Streptococcus bovis* e *Lactobacilli* (Owens *et al.* 1998), que reduzem o pH ruminal. Também pode ser aumentado por certos aditivos alimentares, como o propilenoglicol e a monensina. Os probióticos (microbianos de alimentação direta, DFM) e os prebióticos (promotores de crescimento microbiano) são agentes específicos que podem constituir alternativas aos modificadores químicos da manipulação do ecossistema microbiano e das caraterísticas de fermentação no rúmen e no trato intestinal dos animais de criação. Os micróbios suplementares de alimentação direta, como as propionibactérias, podem aumentar a proporção molar de propionato ruminal, reduzir a acidose ruminal e aumentar a gluconeogénese hepática quando administrados a ruminantes (Kim *et al.* 2000; Stein *et al.* 2006).

As propionibactérias são habitantes naturais do rúmen que constituem 1,4% da microflora ruminal e produzem propionato, um precursor importante para a produção de glicose por gluconeogénese hepática (Oshio *et al.* 1987 e Sauer *et al.* 1989), pelo que a alimentação direta com propionibactérias pode ser uma forma natural de aumentar a produção hepática de glicose e influenciar positivamente o metabolismo (Francisco *et al.* 2002). A inclusão da propionibactéria 169 (P169) na dieta aumentou as concentrações de glicose e insulina no plasma, mas não influenciou a reprodução de vacas leiteiras em lactação (Aleman, 2007; Stein *et al.* 2006). Além disso, as propionibactérias têm a capacidade de converter o ácido lático e a glucose em ácido acético e propiónico, reduzindo o risco de acidose (Ghorbani *et al.* 2002) e aumentando o ganho de peso (Yoon e Stern, 1995).

As respostas positivas à suplementação com propionibactérias foram num número limitado de vacas. Stein *et al.* (2006) relataram uma produção de leite corrigida para 4% de gordura 7,1 e 8,5% maior para vacas alimentadas com $6x10^{10}$ ou $6\times10^{11}$ CFU/cow de *propionibacteria freudenreichii* (estirpe P169) suplementar, respetivamente, em comparação com vacas de controlo. Estes autores também relataram maiores proporções molares de propionato e menor pH ruminal para as vacas alimentadas com a alta concentração de *P. freudenreichii* suplementar em comparação com o observado para as vacas que receberam a baixa concentração de *P. freudenreichii* suplementar ou controlo e reduziram a percentagem de gordura do leite. Num estudo semelhante, Lehloenya *et al.* (2008a) descobriram que P169 ($6 \times 10^{11}$ cfu/d) tendia a melhorar a produção de leite corrigida por sólidos, mas reduziu a percentagem de gordura do leite. Além disso, foi relatada maior produção de leite (Ondarza e Seymour, 2008; e West e Bernard, 2011) e eficiência alimentar (Weiss *et al.* 2008) quando as vacas foram alimentadas com suplemento *de P. freudenreichii* (cepa P169). No entanto, Raeth-Knight *et al.* (2007) não observaram quaisquer diferenças na DMI, produção ou composição do leite, pH ruminal ou concentrações de AGV, ou digestibilidade de nutrientes de vacas em lactação média alimentadas com dietas suplementadas com *Lactobacillus acidophilus e Propionibacterium freudenreichii*.

Os dados atualmente disponíveis no Egito sobre os efeitos das propionibactérias nos animais leiteiros são limitados e inconsistentes. O objetivo do nosso estudo foi avaliar o efeito de dois níveis de estirpe de propionibactérias (P169) na ingestão de matéria seca (DMI), digestibilidade dos nutrientes, atividade ruminal, produção e composição do leite, ácidos gordos do leite e concentrações de alguns parâmetros energéticos no plasma de búfalas egípcias em lactação.

# CAPÍTULO 2
# REVISÃO DA LITERATURA

## 1. Definição de microbianos de alimentação direta (DFM)

O termo "probiótico" provém das palavras gregas "pro" (a favor) e "biotic" (vida). O termo "probiótico" foi definido por Fuller (1989) como "um suplemento alimentar microbiano vivo, que afecta beneficamente o animal hospedeiro, melhorando o seu equilíbrio microbiano intestinal". No entanto, esta definição não incluía a possibilidade de melhorar as condições microbianas no rúmen. Kmet *et al.* (1993) definiram os probióticos ruminais como "culturas vivas de microrganismos que são deliberadamente introduzidas no rúmen com o objetivo de melhorar a saúde ou a nutrição animal". Assim, para os ruminantes, existe a possibilidade de os probióticos melhorarem as condições microbianas tanto no rúmen como no trato digestivo inferior. O termo probiótico é genérico e abrangente, para incluir culturas microbianas viáveis, extractos de culturas, preparações enzimáticas ou várias combinações dos mesmos (Yoon e Stern, 1995).

Por conseguinte, o Office of Regulatory Affairs of the Food and Drug Administration, FDA (2003), bem como a Association of American Feed Control Officials (AAFCO), recomendaram aos fabricantes de alimentos para animais que utilizassem a expressão "direct-fed microbial" (DFM) em vez de probiótico para descrever os produtos alimentares que contêm uma fonte de microrganismos vivos e naturais (bactérias e/ou leveduras). A FDA exigiu a utilização da expressão "Diret-Fed Microbial" em vez de "Probiotics". Os microrganismos conhecidos como Microbianos de Alimentação Direta estão listados na Publicação Oficial da Association of American Feed Control Officials (AAFCO) e foram revistos pela FDA. Para efeitos regulamentares, os produtos DFM são considerados uma subclasse de produtos de fermentação ou de levedura, uma vez que são produzidos de forma semelhante. A declaração da AAFCO diz: "contém uma fonte de microrganismos vivos (viáveis) que ocorrem naturalmente", seguida de uma listagem de cada um dos microrganismos e da garantia de conteúdo, como CFU/grama, (FDA, 2003).

Assim, os FDM são produtos naturais que foram incorporados na dieta dos ruminantes numa tentativa de melhorar o desempenho da produção, alterar a fermentação ruminal e melhorar a utilização dos nutrientes e incluem culturas viáveis de fungos e bactérias.

## 2. Modo de ação geral da FDM bacteriana

O modo de ação direto da FDM bacteriana em ruminantes não foi ainda totalmente determinado, mas vários mecanismos foram sugeridos por **(Yoon e Stern, 1995)**, que categorizaram os modos de ação da FDM nas seguintes categorias

**a.** Estimulação do crescimento microbiano desejável no rúmen, **b.** Estabilização do pH ruminal,

**c.** Alteração do padrão de fermentação ruminal e da produção de produtos finais,

**d.** Aumento do fluxo de nutrientes pós-espectrais,

**e.** Aumento da digestibilidade dos nutrientes e

**f.** Alívio do stress através de uma melhor resposta imunitária.

Um DFM estimula normalmente o crescimento de bactérias ruminais, o que contrasta com os ionóforos, que são normalmente fatais para as bactérias visadas. Weimer (1998) indicou que as bactérias do rúmen podem ser manipuladas com sucesso se tais manipulações forem consistentes com os princípios da ecologia microbiana para tentar manipular a fermentação ruminal, que se resume no seguinte:

**g.** A adaptação para a utilização de um determinado composto exige que este esteja presente numa concentração em que a utilização proporcione uma vantagem selectiva para o organismo (exemplos ruminais: digestão da celulose, fermentação de aminoácidos e metabolismo de toxinas vegetais).

**h.** O aumento da concentração do catalisador não aumentará a taxa de um processo limitado pelo substrato (exemplo ruminal; digestão da celulose).

**i.** Num ecossistema estabelecido, os micróbios invasores (alóctones) geralmente não competem eficazmente com as espécies microbianas nativas (autóctones) (exemplo ruminal; digestão da celulose).

**j.** Os produtos finais do metabolismo de um grupo de micróbios podem frequentemente ser utilizados como fontes de energia ou como substrato de crescimento para outros grupos de micróbios (exemplos ruminais: digestão da celulose, fermentação de aminoácidos e$H_2$ produção/oxidação).

**k.** Para uma determinada tarefa metabólica, os especialistas normalmente competem ou superam os generalistas (exemplos ruminais: digestão da celulose, metabolismo do oxalato, fermentação de aminoácidos e produção de $H_2$ ).

Em geral, os DFM foram reconhecidos há vários anos com respostas positivas relatadas na literatura, mas o(s) modo(s) de ação microbiano(s) exato(s) ainda não é(são) claramente compreendido(s).

## 3. Tipos de sistemas microbianos de alimentação direta

Existem muitos tipos diferentes de FDM que estão a ser utilizados na produção animal. Os dois tipos mais comuns de FDM utilizados são os bacterianos e os fúngicos, ou uma combinação de ambos. Muitos tipos diferentes de FDM são utilizados na alimentação de bovinos leiteiros; alguns exemplos destas espécies bacterianas normalmente utilizadas são apresentados no Quadro 1.

**Tabela 1. Microrganismos aplicados em produtos probióticos.**

| Lactobcillus species | Bifidobacterium species | Other LAB Lactic acid bacteria | Non-lactics |
|---|---|---|---|
| *L. acidophilus* | *B. adolescentis* | *Enterococcus faecalis* | *Bacillus cereus* |
| *L. casei* | *B. animalis* | *E. faecium* | *Escherichia coli* |
| *L. crispatus* | *B. bifidum* | *Lactococcus lactis* | *Propionibacterium freudenreichii* |
| *L. gallinarum* | *B. breve* | *Leuconostoc mesenteroides* | |
| *L. gasseri* | *B. infantis* | *Pediococcus acidilactici* | |
| *L. johnsonii* | *B. lactis* | *Sporolactobacillus inulinus* | |
| *L. paracasei* | *B. longum* | *Streptococcus thermophilus* | |
| *L. plantarum* | | | |
| *L. reuteri* | | | |
| *L. rhamnosus* | | | |

From Holzapfel *et al.* (1998).

## 4. Género *Propionibacterium*

### a. Morfologia, tipos e vantagens de *Propionibacterium*

Os organismos do género *Propionibacterium* compreendem uma pequena proporção da microflora ruminal, são classificados como bactérias Gram positivas, de crescimento lento, não formadoras de esporos, não móveis, geralmente pleomórficas, com dimensões que variam entre 0,3 e 1,3 μm de diâmetro e 1 e 10 μm de comprimento. Estas células organizam-se em vários padrões, revelando estruturas de "letras chinesas", "pássaros em voo" e "cercas de estacas". Os produtos da fermentação a partir da glucose incluem combinações de ácidos propiónico e acético e, frequentemente, quantidades menores de ácidos isovalérico, fórmico, succínico ou lático e dióxido de carbono (Moore e Holdeman, 1974), *Propionibacterium spp.*

são organismos de crescimento lento, intolerantes aos ácidos, anaeróbios a aerotolerantes, que crescem melhor a 30-37$^0$ C a um pH próximo de 7,0 (Kung, 2001).

O género *Propionibacterium* consiste em dois grupos principais, cutâneo e clássico (lácteo), que diferem principalmente nos seus habitats naturais (Zarate *et al.* 2002). *As Propionibacterium spp. clássicas* ou lácteas são amplamente utilizadas pela indústria alimentar láctea como culturas de arranque para queijos de tipo suíço, onde são responsáveis pelos "olhos" ou "buracos" e pela formação do sabor (Rossi *et al.* 1999 e Frohlich-Wyder *et al.* 2002). Este grupo é constituído por quatro espécies: *P freudenreichii, P jensenii, P. acidipropionici, e P. thoenii.*

*A Propionibacterium* é utilizada entre as principais espécies na produção comercial de fermentação biossintética de vitamina $B_{12}$, que é necessária em animais e humanos para duas enzimas, (R) - metilmalonil CoA e (R)-metionina sintase. Todas as estirpes *de Propionibacterium* utilizadas para a produção de fermentação de vitamina $B_{12}$ são eficientes e produzem rendimentos muito elevados (Martens *et al.* 2002) e têm uma enorme vantagem, uma vez que são de qualidade alimentar, permitindo que a vitamina $B_{12}$ seja produzida sem processamento elaborado, e outras aplicações benéficas incluem a produção de agentes antimicrobianos, tais como ácido propiónico, propioninas (péptidos antivirais) e bacteriocinas, utilizadas como conservantes na indústria alimentar que podem inibir bactérias, leveduras e bolores (Hugenholtz *et al.* 2002). As estirpes *de Propionibacterium* são também utilizadas como inoculantes em silagem e cereais (Merry e Davies, 1999; McDonald *et al.* 2002 e Filya *et al.* 2004).

### b. Modo de ação das *propionibactérias*

*As Propionibacterium spp.* compreendem até 4,3% da população de bactérias isoladas da superfície do epitélio ruminal de ovelhas alimentadas com uma dieta rica em alimentos grosseiros (Mead e Jones, 1981). Foi demonstrado que *as Propionibacterium spp.* constituem 1,4% da população total de micróbios numa dieta rica em concentrado (Oshio *et al.* 1987). Davidson (1998) mostrou populações ruminais naturais de *propionibactérias* que variam de 10 -10$^{34}$ CFU/ml com duas estirpes predominantes: *P. acidipropionici* (95%) e *P. jensenii* (5%).

O modo de ação das *propionibactérias* foi sugerido por (Sauer *et al.* 1989; Drackley *et al.* 2001 e Oba e Allen, 2003) da seguinte forma

**c.** *As propionibactérias* convertem o substrato em propionato.

**d.** As concentrações de ácido propiónico aumentam no rúmen e são absorvidas pelo sangue portal.

**e.** O ácido propiónico no sangue portal é transportado para o fígado.

**f.** O aumento dos níveis de propionato no sangue deve levar ao aumento das concentrações de enzimas-chave na via da gluconeogénese, como a piruvato carboxilase (PC) e a fosfenolpiruvato carboxiquinase (PEPCK) no fígado.

**g.** Estas enzimas estão envolvidas na via da gluconeogénese que converte o propionato em glucose. Isto leva a um aumento da glucose disponível, que pode ser utilizada pela glândula mamária.

**h.** Na glândula mamária, as células epiteliais secretoras dos alvéolos aumentam a lactose no lúmen dos alvéolos.

**i.** A lactose é um regulador osmótico da produção de leite e provoca um aumento de água no lúmen e, por conseguinte, um aumento da produção de leite.

## 5. Efeito da suplementação com *propionibactérias* no consumo de ração, na eficiência alimentar e na utilização de nutrientes

Swinney-Floyd *et al.* (1999) estudaram o efeito de Propionibacterium *freudenreichii* (P-63) sozinho ou em combinação com *Lactobacillus acidophilus* (LA53545) no desempenho de bezerros recém-desmamados. Os tratamentos incluíram: sem inóculos; $3x10^{11}$ CFU de P-63 por animal diariamente; ou $1x10^{9}$ CFU de P-63 mais $1x10^{8}$ CFU de LA53545 por animal diariamente. O trigo rachado foi utilizado para substituir 75% do milho moído na dieta nos dias 1 a 10 do período de alimentação para aumentar a probabilidade de um episódio acidótico. Os resultados para o período de desafio de 10 dias de acidose indicaram que os tratamentos não afetaram a DMI. O ganho diário dos bezerros expostos a combinação DFM teve maior ADG do que os bezerros que receberam apenas P-63 ou os bezerros controle (1.63, 1.11, e 0.93 kg/d). A eficiência alimentar para os primeiros 10 dias não diferiu entre os tratamentos (4.5, 7.3, e 8.2 para bezerros recebendo a combinação DFM, P-63, ou controles, respetivamente.

Rust *et al.* (2000) examinaram os efeitos de três níveis de dose diferentes de estirpes *de Lactobacillus acidophilus* (51 e 45) mais a combinação de *Propionibacterium freudenreichii* (PF24) no desempenho de bovinos em acabamento. Os tratamentos DFM foram os seguintes: Azul =$1x10^6$ UFC de ambas as estirpes *de Lactobacillus acidophilus* (51 e 45) mais $1x10^9$ UFC de *Propionibacterium freudenreichii* (PF24) por animal diariamente; Verde = $1x10^8$ CFU de ambas as estirpes *de Lactobacillus acidophilus* (51 e 45) mais $1x10^9$ CFU de *Propionibacterium freudenreichii* (PF24) por animal diariamente; e Amarelo =$1x10^6$ CFU de estirpes *de Lactobacillus acidophilus* (45) mais $1x10^9$ CFU de *Propionibacterium freudenreichii* (PF24) por animal diariamente. Não foram detectadas diferenças no DMI entre os tratamentos. O peso vivo final foi consideravelmente mais elevado para todos os grupos tratados quando comparados com os controlos. A eficiência dos grupos de bovinos tratados com Azul e Amarelo foi melhorada em 6,1% em comparação com o grupo de controlo.

Galyean *et al.* (2000) verificaram que a adição de culturas vivas de *Lactobacillus acidophilus* Estirpe 45 e(ou) Estirpe 51 mais *Propionibacterium freudenreichii* (PF-24) a novilhos em crescimento em fase de acabamento aumentava ligeiramente a ingestão diária de matéria seca em 2,4% acima do controlo.

Huck *et al.* (2000) estudaram os efeitos da alimentação com FDM bacteriana no desempenho do crescimento e nas caraterísticas da carcaça de novilhas em fase de acabamento. *O Lactobacillus acidophilus* BG2FO4 e *o Propionibacterium freudenreichii* P-63 foram utilizados isoladamente ou em sequência numa experiência de 126 dias de acabamento. Os tratamentos incluíram: sem FDM bacteriano; $5x10^8$ UFC/h/d de *L. acidophilus* alimentados durante toda a experiência;

1×109CFU/h/d de *P. freudenreichii* alimentado durante todo o experimento; *L. acidophilus* alimentado por 28 d, depois *P. freudenreichii* para o restante; e *P. freudenreichii* alimentado por 28 d, depois *L. acidophilus* para o restante. A alimentação com *L. acidophilus* BG2FO4 ou *P. freudenreichii* P-63 durante toda a experiência não afectou o ganho diário, a DMI ou a eficiência alimentar. A alimentação com *P. freudenreichii* durante 28 dias seguida de L. *acidophilus* melhorou o ganho diário, mas não a eficiência alimentar, em comparação com os controlos. Por outro lado, as novilhas alimentadas com *L. acidophilus* durante 28 dias seguido *de P. freudenreichii* apresentaram um maior ganho (5,0%) e uma melhor eficiência alimentar (5,1%) em comparação com os controlos. Estes autores sugeriram que o desempenho em termos de crescimento dos bovinos em fase de acabamento poderia ser melhorado através da seleção do suplemento adequado de FDM.

Akay e Dado (2001) testaram quatro níveis de *Propionibacterium* estirpe P5, *Propionibacterium* estirpe P5 a taxas de; 0, 1 x $10^3$ , 1 x $10^6$ , e 1 x $10^9$ CFU/ml do *in-vitro* final, quatro alimentos: silagem de alfafa, feno de festuca, palha de trigo e grão de milho, e 4 tempos de incubação: 6, 18, 36 e 120 h para a fibra e 3, 6, 12 e 24 h para o amido, num esquema fatorial 4x4x4, para determinar o efeito da *Propionibacterium* P5 nas digestibilidades da fibra e do amido em diferentes fontes de alimentação. A adição da estirpe P5 *de Propionibacterium* diminuiu a digestibilidade da MS em 2 e a digestibilidade da fibra em 14%, mas não afectou a digestibilidade do amido em comparação com o controlo.

Allen (2001) adicionou o produto microbiano que contém organismos vivos que ocorrem naturalmente (*Lactobacillus acidophilus* e *Propionibacterium freudeneichii*) às dietas de bovinos em fase de acabamento para avaliar a eficácia da alimentação diária com os dois organismos vivos na utilização dos alimentos. A conversão alimentar (P>0,05) melhorou em 2,4% com uma diminuição insignificante do consumo de ração. No entanto, verificou-se uma tendência para a redução numérica do consumo de ração com a adição da preparação microbiana. Noutros estudos, Elam *et al.* (2003) e Osborn (2004) não encontraram diferenças significativas no consumo de matéria seca.

Francisco *et al.* (2002) estudaram o efeito da alimentação com 17 g de cultura de *Propionibacteria* no balanço energético de vacas leiteiras multíparas Holstein em início de lactação. As vacas alimentadas com suplemento *de Propionibacteria* apresentaram um melhor balanço energético mas uma menor ingestão diária de matéria seca na primeira semana de lactação.

Ghorbani *et al.* (2002) suplementaram novilhos canulados ruminalmente adaptados a uma dieta rica em concentrados sem FDM, *Propionibacterium* P15 (P15), um organismo utilizador de lactato, ou P15 em combinação com *Enterococcus faecium* EF212 (PF EF), um organismo produtor de lactato. Todos os tratamentos bacterianos foram 1 x $10^9$ CFU/g mais soro de leite em pó como suporte. A ingestão de matéria seca não foi afetada pelos tratamentos suplementares em comparação com o controlo. Além disso, a suplementação com DFM não teve efeito direto na digestibilidade *in situ da* MS durante 24 horas

Kim e Rust (2002) verificaram que a adição da estirpe *Propionibacteria acidipropionici* (DH42) a uma taxa de ($10^9$ CFU/cabeça/d) a bovinos alimentados com uma dieta rica em concentrado diminuiu a ingestão de matéria seca (P=0,167) e o ganho médio diário (P=0,137).

McPeake *et al.* (2002) compilaram dados de 184 compartimentos em seis locais de estudo diferentes realizados no Colorado, Iowa, Michigan e Texas, examinando várias combinações e concentrações de estirpes *de Lactobacillus acidophilus* (45 e 51) e *Propionibacterium freudenreichii* (PF24). Os dados compilados indicaram que os novilhos tratados com DFM tinham um peso vivo final, um ganho médio diário e uma ingestão de matéria seca superiores aos do gado não tratado. Foi observada uma resposta linear significativa para a DMI, *ou seja,* a DMI aumentou à medida que a concentração de *L. acidophilus* aumentou; no entanto, não foi detectada uma melhoria significativa na relação alimentação: ganho.

Daivis (2006) estudou os efeitos da alimentação direta com microbianos no consumo de ração e no ganho médio diário de sessenta e duas novilhas Angus x Hereford. As novilhas tratadas receberam uma dieta granulada com baixo teor de amido e 5 g de uma mistura de estirpes *de Propionibacteria* P169 com P5 e XP-yeast. O consumo diário de ração aumentou de 9,32 kg para 10,09 kg/d. A eficiência alimentar correspondente (ganho em kg/kg de ração) foi de 0,13 para o controlo e de 0,12 para o tratamento, sem diferenças significativas.

Raeth-Knight *et al.* (2007) verificaram que a alimentação de bovinos leiteiros com uma combinação de *L. acidophilus* (LA747), estirpes *de L. acidophilus* (LA45) e *P. freudenreichii* (PF24) não teve qualquer efeito sobre a digestibilidade aparente da MS ou da MS, proteína bruta (PB), fibra detergente neutra (FDN) e amido.

Lehloenya *et al.* (2008b) estudaram o efeito de alimentar dietas suplementadas com estirpe *Propionibacterium* (169), cultura de levedura (XPY) e a sua combinação na ingestão de nutrientes, local e extensão da digestão, e cinética ruminal de novilhos canulados ruminalmente. Quatro novilhos foram alimentados com dieta de controlo; P169 ($6 \times 10^{11}$ CFU/novilho por dia); XPY (56 g/novilho por dia); e P169 + XPY, (a $6 \times 10^{11}$ CFU/novilho por dia + 56g/novilho por dia, respetivamente). Não houve diferenças significativas entre os tratamentos, mas a alimentação com P169 aumentou de forma insignificante a ingestão de matéria orgânica (MO), fibra detergente neutra (FDN), fibra detergente ácida (FDA), bem como a digestibilidade aparente total da MO, da FDN e da FDA, em comparação com o controlo. No entanto, a alimentação com a dieta XPY diminuiu a ingestão de MO, FDN e FDA, mas aumentou ligeiramente a digestibilidade total aparente da MO, FDN e FDA no trato, em comparação com outros tratamentos, mas as diferenças não foram significativas.

Ondarza e Seymour (2008) verificaram que a suplementação de *Propionibacteria freudenreichii* (P169) ao nível de $6\times10^{10}$ CFU/d por vaca aumentou a ingestão de matéria seca por rebanho leiteiro comercial de alta produção sob calor e humidade de verão, sendo 22,39 para o controlo e 23,16 Kg kg/cabeça/dia para o grupo suplementado.

Vasconcelos *et al.* (2008) estudaram o efeito da alimentação de bovinos em confinamento (novilhos britânicos e britânicos x continentais) com uma dieta de 92% de concentrado, baseada principalmente em milho floculado a vapor, com quatro níveis de culturas vivas de *Lactobacillus acidophilus* estirpe NP 51plus *Propionibacterium freudenreichii* (estirpe NP 24) em blocos completos aleatórios para avaliar os efeitos da alimentação no desempenho e nas caraterísticas da carcaça. Os tratamentos foram os seguintes: uma dieta de controlo (apenas transportador de lactose) ou dietas contendo $1\times10^9$ CFU/ (novilho/dia) de *P. freudenreichii* (estirpe NP 24) com $1\times10^7$ (Baixa), $1\times10^8$ (Média), ou $1\times10^9$ (Alta) CFU de *L. acidophilus* estirpe NP 51/ (novilho/dia). Não foram detectadas diferenças (P>0,10) entre os tratamentos no que respeita ao peso corporal final ou à ingestão de matéria seca. A eficiência de ganho com base no peso vivo foi melhorada em 2% (P=0,02) pelos tratamentos com NP 51 em comparação com o controlo.

Weiss *et al.* (2008) suplementaram a estirpe P169 *de Propionibacterium* na ração de vacas leiteiras durante duas semanas antes do parto antecipado até 119 dias de lactação para determinar o efeito de uma estirpe P169 *de Propionibacterium* na fermentação ruminal, na produção de leite e na saúde de vacas periparturientes e em início de lactação. A estirpe P169 *de Propionibacterium* foi administrada a um nível de $6x10^{11}$ CFU/d. As vacas alimentadas com a estirpe *Propionibacterium* tiveram um DMI mais baixo, resultando numa melhoria de 4,4% na eficiência da conversão da MS da dieta em $NE_l$ . Este resultado foi atribuído à alteração dos padrões de fermentação ruminal. A utilização de energia líquida calculada para a produção de leite, manutenção e alteração do peso corporal foi semelhante entre os tratamentos.

Boyd (2009) avaliou os efeitos do inoculante bacteriano vivo Bovamine® ($4x10^9$ CFU/h/d) de uma combinação de *Lactobacillus acidophilus* NP51 e *Propionibacterium freudenreichii* NP24) e do glicerol nas digestibilidades dos nutrientes durante o tempo quente em sessenta vacas Holstein em plena lactação (120 DIM). As vacas foram divididas em 4 grupos de 15 cada, em blocos completos aleatórios 2x2. Os tratamentos incluíram controlo (**C**), inoculantes bacterianos (**B**), inoculante bacteriano com 400g h/d de glicerol (**BG**) e controlo com 400g h/d de glicerol (**G**). Os inoculantes bacterianos são compostos por $4x10^9$ CFU/h/d de uma combinação de *Lactobacillus acidophilus NP51* e *Propionibacterium freudenreichii NP24*. Os resultados mostraram (P>0,05) uma menor ingestão de matéria seca para todos os tratamentos em comparação com o controlo. As digestibilidades da MS, PC, ADF e NDF foram significativamente mais elevadas para os tratamentos do que para o controlo. A inclusão de Bovamine® na dieta (B) aumentou significativamente (P= 0,006) as digestibilidades de PC e NDF em comparação com o controlo.

Thompson (2011) utilizou quatro vacas Holstein equipadas com cânulas ruminais numa experiência de quadrado latino com 4 períodos para avaliar o local de infusão de $10^9$ UFC/g de *Lactobacillus acidophilus* e $10^9$ UFC/g de *Propionibacterium freudenreichii* (DFM) na ingestão de matéria seca e na digestibilidade dos nutrientes. As vacas foram afectadas a 1 de 4 tratamentos: 1) vacas alimentadas com uma TMR formulada para satisfazer ou exceder as necessidades nutricionais mais 5 g de lactose duas vezes por dia sem a adição de microbiano de alimentação direta (controlo); 2) vacas alimentadas com a TMR com uma dose diária de DFM em cobertura (TD) e alimentadas duas vezes por dia; 3) vacas alimentadas com a TMR com infusão ruminal (RI) de DFM administrada duas vezes por dia; e 4) vacas alimentadas com a TMR mais infusão abomasal (PRI) de DFM duas vezes por dia. Não houve diferença significativa na ingestão de matéria seca e digestibilidade de nutrientes de MS, CP, NDF ou ADF entre os grupos. No entanto, as vacas alimentadas com o suplemento top dressed consumiram menos matéria seca com digestibilidades de nutrientes mais elevadas em comparação com os outros grupos.

West e Bernard (2011) não encontraram qualquer efeito na ingestão de matéria seca ao alimentar quarenta e oito vacas Holstein em lactação com inoculantes bacterianos (*Propionibacterium freudenreichii estirpe NP24, Lactobacillus acidophilus estirpe NP51 e L. acidophilus estirpe NP45*). As dietas experimentais foram: controlo (sem inoculantes bacterianos); T1) $2\times10^9$ UFC/d de *Propionibacterium freudenreichii* estirpe NP24 mais $1\times10^9$ UFC/d de *Lactobacillus acidophilus* estirpe NP51 (B1); e T2) $2\times10^9$ UFC/d de *P. freudenreichii* estirpe NP24 mais $5\times10^8$ UFC/d de cada *L. acidophilus* estirpe NP51 e estirpe NP45 (B2).

## 6. Efeito da suplementação com *propionibactérias* na fermentação ruminal

Foram realizados vários estudos in *vitro* e *in vivo* para avaliar o padrão de fermentação ruminal afetado pela suplementação de *propionibactérias* em diferentes dietas de ruminantes.

Kim *et al.* (2000) alimentaram com *Propionibacterium acidipropionici*, estirpe DH42, aos níveis 0, $10^7$ , $10^8$ , $10^9$ , e $10^{10}$ CFU novilhos alimentados com uma dieta rica em concentrado. Descobriram que *P. acidipropionici*, em todos os níveis de dosagem, reduziu o acetato, exceto o nível de $10^7$ que foi significativamente mais elevado do que os outros níveis de dosagem. Os propionatos aumentaram, mas a relação acetato: propionato diminuiu em todas as dosagens, exceto $10^8$ . Concluíram que *a P. acidipropionici* pode alterar o metabolismo ruminal no sentido de uma menor produção de acetato e butirato, mas de uma maior produção de propionato. Não foi observado qualquer efeito no pH, lactato ou ácidos gordos de cadeia ramificada.

Akay e Dado (2001) relataram que *a Propionibacterium* P5 aumentou o total de AGVs *in-vitro*, propionato, acetato, butirato e valerato em todos os níveis de inclusão experimental (0, $10^3$ , $10^6$ , e $10^9$ CFU/ml).

Ghorbani *et al.* (2002) alimentaram novilhos canulados ruminalmente adaptados a uma dieta rica em concentrado sem DFM, *Propionibacterium* P15 (P15), um organismo utilizador de lactato, ou P15 em combinação com *Enterococcus faecium* EF212 (PF EF); um organismo produtor de lactato.

Todas as preparações bacterianas foram suplementadas a um nível de 1 x $10^9$ CFU/g mais soro de leite em pó como suporte. O pH ruminal, o total de AGV, as concentrações de propionato, iso-butirato e iso-valerato, ou a relação acetato-propionato não foram afectados pela DFM. No entanto, observou-se um maior teor de acetato ruminal e um menor teor de valerato nos novilhos que receberam PE em comparação com os novilhos que receberam P15 ou a dieta de controlo. A concentração ruminal de NH3 tendeu a ser mais elevada para os novilhos alimentados com P15 do que para os novilhos alimentados com PE ou controlo.

Yang *et al.* (2004) não encontraram qualquer efeito significativo no pH *in vitro*, no acetato, no propionato, no butirato ou na concentração total de AGV, ou no rácio acetato/propionato, mas registaram uma diminuição do ácido caproico devido à suplementação com FDM no fluido ruminal recolhido de novilhos. Os tratamentos foram 1) controlo (sem FDM); 2) *Propionibacterium* P15 (PB) (1x$10^9$ CFU/g alimentado a 10 g/hd/d); 3) *Enterococcus faecium* EF212 (EF) (6x$10^8$ CFU/g/d a 10 g/d); ou 4) EF mais *Saccharomyces cervevisiae* (levedura) (EFY) (6x$10^8$ CFU/g/d a 10 g/d). Os inoculantes para os fermentadores foram recolhidos 1 h depois de alimentar os novilhos fistulados ruminalmente com a dieta de controlo. Foi observada uma tendência semelhante para a digestibilidade no sistema de cultura contínua.

Stein *et al.* (2006) alimentaram vacas multíparas da raça Holstein com uma dieta de controlo, uma dieta com uma dose baixa (6x$10^{10}$ CFU/d) de *propionibactérias* da estirpe 169 (P169) ou uma dieta com uma dose elevada ($6 \times 10^{11}$ CFU/d) de P169 de -2 a 30 semanas após o parto. As vacas alimentadas com a dose elevada de P169 apresentaram maior propionato ruminal. A percentagem molar de acetato ruminal não foi afetada pelos tratamentos. Mas o rácio acetato/propionato ruminal foi menor nas vacas alimentadas com a dose elevada de P169. No entanto, a percentagem molar de butirato ruminal não foi afetada pelo tratamento. As alterações no pH ruminal foram influenciadas pelo tratamento (P<0,02), a dose elevada de P169 diminuiu o pH ruminal do que a dose baixa de P169 e as vacas de controlo. Os valores de pH foram 6,65, 6,94 e 6,86 para o controlo, a dose baixa e a dose alta, respetivamente.

Raeth-Knight *et al.* (2007) alimentaram três vacas Holstein multíparas com canulação ruminal com FDM (*L. acidophilus* e *P. freudenreichii*) num desenho de quadrado latino 3 × 3 com períodos experimentais de 28 dias. Os períodos consistiram em 21 dias para adaptação, seguidos de um período de recolha de 7 dias. As amostras foram recolhidas imediatamente antes da alimentação 0 e 1, 3 e 6 h após a alimentação. O pH ruminal foi semelhante (P>0,10) entre os tratamentos. No entanto, o pH ruminal foi mais elevado (P<0,05) às 0 h, diminuindo para os valores mais baixos 5,98 às 3 h após a alimentação. As concentrações totais de AGV e de amoníaco ruminal não foram afectadas. A suplementação com *L. acidophilus* e *P. freudenreichii* não resultou em diferenças significativas (P>0,05) nas proporções molares de AGV e no rácio acetato-propionato.

Lehloenya *et al.* (2008b) descobriram que a alimentação com *Propionibacterium* estirpe P169 e cultura de levedura (XPY) aumentou a proporção molar de propionato (em 9,7%), mas diminuiu a proporção molar de acetato e acetato: rácio de propionato em comparação com os novilhos de controlo. Sugeriram que a alimentação com P169 altera o metabolismo ruminal no sentido de um aumento do propionato sem afetar o consumo de ração ou a cinética ruminal, ao passo que a alimentação apenas com XPY tende a aumentar as digestibilidades totais dos nutrientes no trato.

Weiss *et al.* (2008) referiram que as vacas leiteiras alimentadas com a estirpe *Propionibacterium* a uma taxa de $6x10^{11}$ CFU/d tinham concentrações mais baixas de acetato (mol/100 mol de ácidos gordos voláteis totais), mas concentrações mais elevadas de propionato e butirato do que o controlo.

Thompson (2011) utilizou 4 vacas Holstein equipadas com cânulas ruminais numa experiência de desenho em quadrado latino com 4 períodos para avaliar o local de infusão de $10^9$ UFC/g de *Lactobacillus acidophilus* e $10^9$ UFC/g de *Propionibacterium freudenreichii* (DFM) na cinética ruminal e nos AGVs ruminais. As vacas foram afectadas a 1 de 4 tratamentos: 1) vacas alimentadas com uma TMR formulada para satisfazer ou exceder as necessidades nutricionais mais 5 g de lactose duas vezes por dia sem a adição de DFM (controlo); 2) vacas alimentadas com a TMR com uma dose diária de DFM aplicada na ração duas vezes por dia (TD); 3) vacas alimentadas com a TMR com infusão ruminal de DFM administrada duas vezes por dia (RI); e 4) vacas alimentadas com a TMR mais infusão abomasal de DFM duas vezes por dia (PRI). Não houve diferença na cinética ruminal, pH, acetato, propionato, butirato e relação acetato/propionato. O valerato ($P<0,05$) aumentou com as vacas alimentadas com TD tendo maior ($P<0,05$) valerato do que as vacas RI e PRI, mas não diferindo do controlo. O NH3 ruminal das vacas de controlo foi maior em comparação com os tratamentos TD, RI e PRI.

## 7. Efeito da suplementação com *propionibactérias* nos metabolitos sanguíneos

A alimentação com FDM pode alterar as concentrações ruminais de propionato e as concentrações plasmáticas de glucose e insulina, e estas alterações podem melhorar o desempenho animal e reprodutivo em bovinos de carne e de leite. *As propionibactérias* são habitantes naturais do rúmen e produzem propionato (o principal precursor da produção de glicose) através da gluconeogénese hepática (Sauer *et al.* 1989). A eficiência teórica do propionato é de 108% em comparação com a glucose como fonte de energia para ATP (McDonald *et al.* 2002). Por conseguinte, a alimentação direta com *propionibactérias* pode ser a forma natural de aumentar a produção hepática de glicose e influenciar positivamente o metabolismo (Francisco *et al.* 2002).

Francisco *et al.* (2002) verificaram que a alimentação de vacas leiteiras com propionibacteria 169 (P169; 6x$10^{10}$ CFU/vaca) durante as primeiras 12 semanas pós-parto não influenciou as concentrações de glucose e colesterol no plasma ou a função reprodutiva.

Ghorbani *et al.* (2002) referiram que a suplementação de *Propionibacterium* P15 (P15), um organismo utilizador de lactato, ou de P15 em combinação com *Enterococcus faecium* EF212 (PF EF), um organismo produtor de lactato, para novilhos canulados ruminalmente que se adaptaram a uma dieta rica em concentrado sem FDM, não teve qualquer efeito sobre a glucose no sangue. As concentrações de glucose no plasma não foram afectadas pelo tratamento dietético na alimentação com *Propionibacterium* estirpe P169 e cultura de levedura (XPY) em comparação com vacas de controlo. As concentrações de glicose foram em média de 59±1, 58±1 e 61±1 mg/dl para vacas alimentadas com controlo, XPY e P169+XPY, respetivamente (Lehloenya *et al.* (2008a).

Daivis (2006) utilizou sessenta e duas novilhas Angus x Hereford para determinar os efeitos da alimentação direta com microbianos (estirpes *de propionibactérias* P169, P5 e levedura) nas concentrações plasmáticas de glucose, insulina, consumo de ração, ganho médio diário, idade da puberdade, idade da conceção, taxa de conceção até à IA e taxa de gestação. Os tratamentos consistiram numa dieta granulada com baixo teor de amido (controlo) e na dieta de controlo acrescida de 5 g de uma mistura de estirpes *de propionibactérias* P169 e P5 e de levedura XP (Diamond V). A concentração de glucose durante o tratamento foi, em média, de 80,5 e 79,8 mg/dl para as novilhas *com propionibactérias* e para as novilhas de controlo, respetivamente, sem efeito significativo.

Aleman *et al.* (2007) estudaram o efeito da alimentação de vacas primíparas e multíparas da raça Holstein com dois níveis de *propionibactérias* (dose alta, 6x$10^{11}$ UFC/cabeça/d; e dose baixa, 6x$10^{10}$ UFC/cabeça/d) em indicadores metabólicos durante a lactação. Os níveis de glicose plasmática em vacas multíparas com baixa dose de P169 foram (59,8mg/dl) 5,5% mais baixos do que em alta dose de P169 para vacas multíparas; e 67,9mg/dl em baixa dose de P169 para vacas primíparas, que 6% a 9% mais glicose plasmática do que alta dose de P169 e vacas primíparas de controlo. O efeito da dieta x paridade no colesterol plasmático foi ($P<0,01$) significativo. A dose baixa de P169 em vacas multíparas foi (246mg/dl), 25% maior do que a dose alta de P169 e as vacas multíparas de controlo. Os efeitos principais da dieta e da paridade não foram significativos ($P>0,40$) nas concentrações de colesterol plasmático para vacas primíparas.

Weiss *et al.* (2008) verificaram que as concentrações plasmáticas de glicose e β-hidroxibutirato (BHB) não foram afectadas pelo tratamento com P169. As vacas alimentadas com P169 tinham maiores concentrações de ácidos gordos não esterificados (NEFA) no plasma no dia 7 da lactação. Os ácidos gordos não esterificados elevados nessa altura podem estar relacionados com a elevada produção de leite durante esse período pelas vacas alimentadas com o aditivo.

Boyd (2009) não encontrou qualquer efeito significativo na concentração de glucose sérica ao alimentar vacas Holstein em meados da lactação durante o tempo quente com inoculantes bacterianos vivos, Bovamine® ($4x10^{8\ 9}$ CFU/h/d) de uma combinação de *Lactobacillus acidophilus* NP51 e *Propionibacterium freudenreichii* NP24) e glicerol.

Thompson (2011) não encontrou diferença estatística entre os tratamentos nos metabólitos sanguíneos: glicose e β-hidroxibutirato (BHBA) quando usado de $10^9$ UFC/g de *Lactobacillus acidophilus* e $10^9$ UFC/g *Propionibacterium freudenreichii* (DFM) para 4 vacas Holstein equipadas com cânulas ruminais. Além disso, West e Bernard (2011) referiram que o teor de glucose no soro não foi alterado por um tratamento semelhante.

Stein *et al.* (2006) encontraram respostas positivas limitadas na produção de leite à suplementação com *propionibactérias* para vacas multíparas no início da lactação. As vacas que receberam $6x10^{10}$ ou $6x10^{11}$ CFU/d de *Propionibacterium* estirpe P169 aumentaram 7,1% e 8,5%. Não foram detectadas diferenças entre as vacas primíparas. A percentagem de gordura do leite foi significativamente maior no controlo e na dose baixa de P169 do que na dose alta de P169 em vacas multíparas. No entanto, as percentagens de lactose e de sólidos não gordos (SNF) foram maiores nas vacas alimentadas com vacas multíparas com P169 em doses elevadas ou baixas do que nas vacas multíparas de controlo. As percentagens de gordura, lactose e SNF não foram diferentes entre os grupos de tratamento para vacas primíparas. A percentagem de lactose foi mais elevada nas vacas primíparas alimentadas com doses

## 8 Efeito da suplementação com *propionibactérias* na produção e composição do leite.

Francisco *et al.* (2002) estudaram o efeito da alimentação de 17 g de cultura de *Propionibacterium* (estirpe identificada como P169 e suplementada com elevadas de P169 do que nas vacas primíparas alimentadas com doses baixas de P169.

Raeth-Knight *et al.* (2007) conduziram um estudo de alimentação usando vacas em lactação média para determinar os efeitos de *Lactobacillus acidophilus* e *Propionibacteria freudenreichii* na produção de leite, digestibilidade de nutrientes e fermentação ruminal. A suplementação de vacas leiteiras no meio da lactação com estes produtos não teve efeito na produção de leite ou nos componentes do leite. Os rendimentos dos componentes do leite não foram afectados, mas a percentagem de gordura do leite diminuiu 13,3% ($P<0,05$) da semana 1 à 5 (3,49 a 3,02%). As concentrações de proteína do leite e lactose permaneceram constantes durante todo este período, sem diferenças significativas ($P>0,10$) entre os tratamentos para proteína do leite e lactose. A eficiência alimentar média de 1,52 kg de leite corrigido para 4% de gordura/kg de ingestão de MS não diferiu entre os tratamentos.

Lehloenya *et al.* (2008a) suplementaram 56 g de levedura Diamond V-XP (XPY) sozinha ou em combinação com a estirpe de propionibactérias P169 ($6x10^{11}$ CFU/cabeça/dia) para 31 vacas primíparas e multíparas (MP) da raça Holstein durante o início e o meio da lactação (entre 2 semanas pré-parto e 30 semanas pós-parto). Os tratamentos dietéticos: dieta de controlo; dieta de controlo mais XPY; e dieta de controlo mais P169+XPY. A produção diária de leite, de leite corrigido para sólidos e de 4% de MFC das vacas MP alimentadas com P169+XPY foi 9-16% superior à das multíparas de controlo durante o meio da lactação (9-30 semanas). Além disso, as percentagens e produções de proteína do leite e de SNF aumentaram nos tratamentos em comparação com o controlo durante o meio da lactação para vacas MP. A percentagem de gordura do leite foi 8-18% maior no controlo do que nos grupos XPY e P169+XPY. A percentagem de lactose no leite das vacas MP alimentadas com P169+XPY foi 3-5% maior do que no controlo e nas vacas MP XPY. A adição de P169+XPY à alimentação com XPY pode ter melhorado a gluconeogénese e aumentado a captação de glucose pela glândula mamária em vacas Holstein. Assim, um suplemento alimentar combinado de P169 e XPY pode ter potencial como alternativa alimentar natural a hormonas e antibióticos para melhorar o desempenho da lactação.

Ondarza e Seymour (2008) estudaram o impacto das *propionibactérias* da dieta ( *Propionibacteriafreudenreichii*, P169) ($6\times10^{10}$ CFU/d por vaca) em um rebanho leiteiro comercial de alta produção. A inclusão de propionibactérias na dieta aumentou ($P <0,05$) a produção de leite de 43,06 para 44,31kg/dia, especialmente no início da lactação e em vacas mais velhas. No entanto, a produção de leite com 3,5% de gordura corrigida e a percentagem de proteína do leite não foram afectadas pelo suplemento P169. A produção de proteína verdadeira do leite (kg/d) não foi afetada pela suplementação com P169 no início da lactação, mas aumentou (P=0,01) nas vacas em final de lactação.

Weiss *et al.* (2008) descobriram que as vacas alimentadas com a estirpe *Propionibacterium* P169 duas semanas antes do parto até 119 pós-parto a uma taxa de ($6x10^{11}$ CFU/vaca/dia), tinham uma produção e composição do leite comparáveis às das vacas de controlo. Concentrações e rendimentos de gordura do leite, proteína do leite, rendimento de leite com correção energética (ECM) e eficiência alimentar foram maiores ($P<0,05$) durante a primeira semana de lactação para vacas alimentadas com P169.

Boyd (2009) estudou o efeito da suplementação da dieta de vacas holandesas a meio da lactação com o inoculante bacteriano vivo Bovamine® ($4x10^9$ CFU/h/d), que é uma combinação de *Lactobacillus acidophilus* (NP51) e *Propionibacterium freudenreichii* (NP24) e glicerol, na produção de leite, digestibilidade dos nutrientes e eficiência alimentar durante o tempo quente. A produção de leite não foi afetada, mas a eficiência ($P<0,06$) melhorou com o Bovamine em comparação com o controlo. A adição de Bovamine® sozinho e com glicerol teve um efeito positivo na eficiência aparente em comparação com o controlo. Não foram detectadas diferenças na percentagem de gordura do leite ou no leite corrigido pela energia (ECM) entre as dietas experimentais. A percentagem de proteína do leite diminuiu ($P<0,08$) para as vacas que receberam glicerol (2,72) em comparação com o controlo (2,8). A eficiência da produção definida como ECM/DMI não foi diferente ($P = 0,37$) entre os tratamentos. Sugeriu-se que a melhoria da produção de leite na ausência de uma maior ingestão de matéria seca pode levar a uma melhor função ruminal, quer através de uma melhor digestão, de condições ambientais ruminais modificadas ou de uma maior produção de proteína microbiana.

Galbraith *et al.* (2010) estudaram a eficácia de três suplementos de FDM no desempenho produtivo de vacas Holstein. O tratamento com *Propionibacterium* DFM 2 semanas antes do parto, seguido de *Lactobacillus* DFM até 22 semanas após o parto ou *Bacillus pumilus* 8G-134 a $5\times10^9$ ou $1\times10^{10}$ CFU/cabeça/dia, tanto antes como após o parto, resulta num aumento da produção de leite com o grupo *B. pumilus* (8G-134) e da gordura do leite (todos os tratamentos DFM).

Thompson (2011) descobriu que todos os tipos de suplementação de $10^9$ CFU/g de *Lactobacillus acidophilus* e $10^9$ CFU/g *Propionibacterium freudenreichii* como DFM para vacas leiteiras não tiveram efeitos significativos na produção de leite e componentes do leite (gordura, proteína, lactose e SNF %) em comparação com vacas de controlo. Também não houve diferença na maioria dos ácidos gordos do leite, exceto no 8:0 (P>0,01), que foi maior na infusão abomasal do que no controlo, na cobertura e na infusão ruminal. A FDM não teve efeito nos ácidos gordos do leite (saturados e insaturados, monoinsaturados, polinsaturados, polinsaturados n-6, polinsaturados n-3, ácidos gordos e ácido linoleico conjugado) ou nas percentagens da composição dos ácidos gordos do leite.

West e Bernard (2011) compararam a influência de dois inoculantes bacterianos suplementares (*Propionibacterium freudenreichii estirpe NP24, Lactobacillus acidophilus estirpe NP51, e L. acidophilus estirpe NP45)* na DMI, produção de leite e composição do leite por quarenta e oito vacas Holstein em lactação. As dietas experimentais foram controlo (sem inoculantes bacterianos); 2×109CFU/d de *Propionibacterium freudenreichii* estirpe NP24 mais 1×109CFU/d de *Lactobacillus acidophilus* estirpe NP51 (B1); e 2×109CFU/d de *P. freudenreichii* estirpe NP24 mais 5×108CFU/d de cada uma das estirpes NP51 e NP45 de *L. acidophilus* (B2). As vacas alimentadas com inoculantes bacterianos tiveram maiores rendimentos de gordura do leite, FCM e leite com correção de energia do que a dieta de controlo. Além disso, a eficiência da produção de leite (definida como produção de leite com correção de energia por unidade de DMI) foi maior para as vacas alimentadas com inoculantes bacterianos em comparação com as vacas de controlo. No entanto, os efeitos do tratamento na percentagem de gordura do leite, ou na produção ou percentagem de proteínas do leite não foram significativos.

# CAPÍTULO 3
# MATERIAIS E MÉTODOS

Este estudo foi realizado na Agricultural Experiments Station, Faculdade de Agricultura, Universidade do Cairo, em colaboração com o Dairy Science Department, National Research Centre, Dokki, Giza, durante o período de novembro de 2010 a fevereiro de 2011.

## 1. Animais experimentais

No presente estudo, foram utilizadas seis búfalas multíparas em lactação, do terceiro ao quinto período de lactação, com 4-7 anos de idade e um peso corporal médio de 551 kg. As búfalas foram divididas aleatoriamente, após 4 dias do parto, em dois blocos de 3x3 com um desenho completo de switchback (Lucas, 1956), como se mostra na tabela 2. O período experimental total foi de 90 dias e dividido em três períodos; cada período consistiu em 23 dias para adaptação e 7 dias como período de recolha. Foram colhidas amostras de leite, fezes e sangue.

**Tabela 2. Projeto experimental***

| Experimental period | Treatment sequence (T) | | | | | |
|---|---|---|---|---|---|---|
| | Block (1) | | | Block (2) | | |
| **Animal No.** | 1 | 2 | 3 | 4 | 5 | 6 |
| **Period (1)** | T1 | T2 | T3 | T1 | T2 | T3 |
| **Period (2)** | T2 | T3 | T1 | T3 | T1 | T2 |
| **Period (3)** | T1 | T2 | T3 | T1 | T2 | T3 |

* Switchback complete design (Lucas, 1956)
T1: control treatment without supplement.
T2: control treatment with supplement ($6 \times 10^{10}$cfu/ 2g / head/day, low level).
T3: control treatment with supplement ($1.2 \times 10^{11}$cfu/ 4g /head/day, high level).

## 2. *Propionibacterium freudenreichii* estirpe P169 (Dairy ProP169 )®

A estirpe 169 de *propionibactérias* (Dairy ProP169® Diret Fed Microbial for Dairy Cattle) é um material seco de bactérias viáveis preparado pela Bio-Vet Inc. EUA. Contém carbonato de cálcio, produto de fermentação seco *da* estirpe P169 *de Propionibacterium freudenreichii* (Contagem de bactérias vivas: 30 mil milhões ($3 \times 10^{10}$ ) de unidades formadoras de colónias (CFU)/ mínimo por grama), tal como indicado no rótulo do alimento.

Os aditivos foram selados em embalagens de 2 kg pelo fabricante e mantidos congelados a -20° C, conforme recomendado, até à alimentação. As doses suplementares utilizadas foram calculadas de acordo com as instruções do fabricante para o primeiro nível (dose baixa) como 2g (6 x $10^{10}$ CFU/ Dairy ProP169® ) e o segundo nível (dose alta) como 4g (1,2 x $10^{11}$ CFU/ Dairy ProP169® ).

O número de bactérias vivas do produto foi enumerado com especificidade de espécie para o género *P. freudenreichii*. A embalagem DFM foi analisada para contagens totais de *Propionibacteria*. Todas as amostras foram analisadas em duplicado. As amostras (1g) foram transferidas para tubos contendo água salina tamponada e diluídas em série para $10^9$ , e alíquotas de 1 ml desta diluição foram colocadas em placas de ágar lactato de sódio (SLA) (Vedamuthu e Reinbold, 1967). As placas de ágar lactato de sódio foram incubadas em condições anaeróbias num frasco selado sob uma atmosfera de $O_2$ - $CO_2$ livre a 37°C durante 7 dias. Após a incubação, as colónias foram contadas e a contagem de bactérias vivas foi calculada utilizando os factores de diluição. As colónias em SLA foram identificadas com especificidade de género como *Propionibacteria* com tiras de índice de perfil analítico específicas para organismos anaeróbios.

## 3. Rações experimentais

As búfalas foram alimentadas de acordo com o seu peso corporal e produção de leite (Ghoneim, 1967), para cobrir as suas necessidades energéticas e proteicas. As rações experimentais foram Berseem (*Trifolium alexandrinum*), mistura concentrada para alimentação (composta por 50% de milho amarelo, 20% de farinha de soja, 25% de farelo de trigo, 3% de melaço, 1% de calcário, 1% de sal comum) e palha de arroz. Os aditivos P169 foram oferecidos aos búfalos em cobertura uma vez por dia na alimentação da manhã. Os búfalos foram alimentados individualmente, onde os concentrados foram oferecidos duas vezes por dia após a ordenha, às 8:00 e às 20:00 horas, o berseem foi oferecido às 11:00 horas, enquanto a palha de arroz foi oferecida às 14:00 horas. O acesso a água fresca era livre após cada refeição e durante a noite. O consumo de ração foi ajustado para cada período experimental de 30 dias. As búfalas foram pesadas a cada duas semanas após a ordenha direta. A análise química dos alimentos experimentais é apresentada na Tabela (3).

As rações experimentais foram oferecidas da seguinte forma:

1. Controlo (C): 70% de mistura de alimentos concentrados (CFM) e 30% de alimentos

grosseiros (20% de bérberis frescos (B) e 10% de palha de arroz (RS), com base na matéria seca).

2. Controlo + 6 x $10^{10}$ cfu/ 2g Dairy ProP169® /por animal/dia (A estirpe 169 da propionibacteria, dose baixa).
3. Controlo e 1,2 x $10^{11}$ cfu/4g Dairy ProP169® / por animal / dia (dose elevada).

**Tabela 3. Análise química dos ingredientes da dieta (%DM)**

| Items | Diet ingredients | | |
|---|---|---|---|
| | CFM* | Berseem | Rice straw |
| **DM, %** | 86.85 | 15.95 | 91.86 |
| **DM composition, %** | | | |
| **OM** | 91.10 | 86.00 | 86.03 |
| **CP** | 15.79 | 17.69 | 4.04 |
| **EE** | 3.98 | 3.52 | 2.35 |
| **NFE** | 64.83 | 39.71 | 45.85 |
| **CF** | 6.50 | 25.08 | 33.79 |
| **Ash** | 8.90 | 14.00 | 13.97 |
| **Cell wall constituents** | | | |
| **NDF** | 25.73 | 50.85 | 73.83 |
| **ADF** | 11.44 | 37.13 | 53.08 |
| **ADL** | 2.62 | 11.48 | 13.98 |
| **Hemicelluloses** | 14.29 | 13.72 | 20.75 |
| **Cellulose** | 8.82 | 25.65 | 39.10 |

* Concentrate feed mixture.

## 4. Amostragem

### a. Leite

As búfalas eram ordenhadas à máquina duas vezes por dia, às 7:00 e às 19:00 horas. A produção de leite foi registada individualmente todos os dias durante todo o período experimental, que se estendeu por 90 dias. Durante os últimos quatro dias de cada período experimental (30 dias), foram recolhidas amostras de leite de cada animal nas ordenhas da tarde e da manhã. As amostras de leite foram compostas proporcionalmente a partir da ordenha da noite e da manhã para determinar a composição do leite. O leite corrigido para gordura (4%) foi calculado de acordo com a equação de Gains (1928).

### b. Alimentos e fezes

Foram colhidas amostras de fezes de cada animal no final de cada período experimental

(30 dias), às 10h00 e às 16h00, durante três dias sucessivos. Uma subamostra de 10% do total de fezes recolhidas de cada indivíduo foi retirada, pulverizada com formaldeído a 10% e ácido sulfúrico a 10%, respetivamente, e depois seca a 70°C durante 24 horas. As amostras de fezes secas foram guardadas individualmente em sacos de polietileno para posterior análise química. Os resíduos de alimentos, se existirem, também foram registados. As digestibilidades da matéria seca e dos nutrientes foram determinadas de acordo com a técnica das cinzas insolúveis em ácido (AIA) de Van Keulen e Young (1977).

#### c. Fluido ruminal

Foram colhidas amostras de rúmen de carneiros Rahmani machos maduros, em condições e conceção experimentais semelhantes às dos búfalos. Os carneiros tinham em média 42 kg de peso corporal e cerca de 1,5 anos de idade. Todos os animais foram mantidos em compartimentos individuais num quadrado latino 3 x 3. Cada ensaio foi dividido em duas fases: um período preliminar de 14 dias para permitir que os animais se adaptassem a cada alimento e ao suplemento, e um período de recolha de 7 dias. No final de cada período, foram recolhidas amostras de licor ruminal de todos os animais. A utilização de ovinos para estudar o efeito do tratamento sobre os parâmetros ruminais foi aplicada para ultrapassar as dificuldades e os problemas com que nos deparámos para aplicar este método aos búfalos.

Foram recolhidas amostras de fluido ruminal de cada carneiro no final do período de recolha. As amostras foram colhidas imediatamente antes da alimentação matinal, e três e seis horas após a alimentação. As amostras de fluido ruminal foram colhidas através de um tubo estomacal de borracha no final do ensaio para cada período.

#### d. Sangue

Foram colhidas amostras de sangue da veia jugular esquerda durante o último dia de cada período, apenas 4 horas após a alimentação matinal, às 8:00 horas. As amostras de sangue foram colhidas diretamente em tubos de vidro limpos e secos contendo EDTA como anticoagulante e centrifugadas a 4000 r.p.m. durante 20 minutos; o plasma sanguíneo foi então transferido para um frasco de vidro limpo e seco e congelado para análise.

### 5. Análise química

As análises proximais das amostras de ração e fezes foram utilizadas para determinar a matéria seca (MS), a proteína bruta (PC), o extrato etéreo (EE), as cinzas e o extrato isento de azoto (NFE), de acordo com a A.O.A.C. (1995). A fibra bruta (FC), a fibra em detergente neutro (FDN), a fibra em detergente ácido (FDA) e a lignina em detergente ácido (LDA) foram analisadas pelo analisador de fibras Ankom[200] (Ankom Technology Corporation, Fairport, NY, EUA), de acordo com (Van Soest *et al.,* 1991). A percentagem de celulose foi calculada pela diferença entre ADF e ADL, e a percentagem de hemicelulose foi calculada pela diferença entre NDF e ADF.

Os constituintes do leite em termos de sólidos totais, gordura, proteína, lactose, sólidos não gordos e cinzas foram analisados pelo analisador de leite por infravermelhos Bentley[150] (Bentley Instruments, Chaska, MN, EUA), calibrado para leite de búfalas egípcias em búfalas individuais. Cada animal foi representado em 4 réplicas, cada uma representando um dia do período de recolha de quatro dias.

A composição dos ácidos gordos do leite foi analisada após metilação de acordo com Park *et al.* (2002). O perfil de ácidos graxos do leite foi separado por Cromatografia Líquida Gasosa, coluna 4 m x ⅛ o.d. aço inoxidável 10% carbowax 20 M em chromosorb w- AW 80 - 100 mesh equipado com Konik 3000C. A programação da temperatura foi a seguinte: temperatura da coluna. 90 - 220° C; taxa de 2° C / min; temp. do injetor 220° C e temp. do detetor 240° C. O caudal dos gases foi de 30 ml / min; 30 ml / min e 300 ml / min para $N_2$ , $H_2$ e ar, respetivamente.

A glucose plasmática foi determinada utilizando kits de teste de acordo com Trinder (1969) e Young *et al.* (1972). A análise dos triglicéridos foi efectuada de acordo com Teitz (1970) (Stanbio Laboratory, Boerne, TX), o colesterol (Richmond, 1973 e Allain, 1974), o ácido β-hidroxibutírico, β-HBA (BEN Biochemical Enterprise, BEN S.r.l., Milão, Itália) foram determinados de acordo com Tietz (1999) e Young (2000), e a determinação dos lípidos totais plasmáticos (Biodiagnostic, Cairo, Egito) foi determinada de acordo com Zollner e Kirsch (1962). As análises bioquímicas dos parâmetros selecionados foram medidas por espetrofotometria (T80 UV/VIS Spectrometer, PG Instruments Ltd, UK) de acordo com os protocolos normalizados dos fornecedores.

As amostras de líquido ruminal foram coadas através de duas camadas de gaze e o seu pH foi registado imediatamente após a colheita com medidores de pH Beckman e a concentração de amoníaco-N no licor ruminal foi determinada de acordo com Conway (1957). As amostras de líquido ruminal coado (LRF) foram acidificadas com ácido clorídrico 0,1 N e ácido ortofosfórico concentrado e armazenadas por congelação para determinação dos ácidos gordos voláteis totais (AGVT). A concentração de ácidos gordos voláteis totais foi determinada no fluido ruminal pelo método de destilação a vapor (Warner, 1964) utilizando o aparelho de microdestilação Markham. Os ácidos gordos voláteis individuais foram analisados por HPLC (Bush *et al.,* 1979).

## 6. Análise estatística

Os dados recolhidos foram submetidos à análise estatística como dados de switchback de acordo com (Lucas, 1956). As diferenças entre médias com um valor F significativo foram separadas pelo teste de intervalos múltiplos de Duncan (1955). Os cálculos para a análise de variância dos valores D foram efectuados da seguinte forma

Fator corrigido (CF) = $M^2 / 3\ np\ (p - 1)$

Soma total de quadrados (TSS) = $(1/6) \sum_i \sum j\ D^2{}_i\ j$ - CF

Soma dos quadrados do tratamento (SST) = $(1/\ 6\ np) \sum_k Q^2{}_k$ - CF

Erro (sem bloco) = Tss - SST

Média geral (Y) = $\sum_i Y_i / 3\ np$

Média do tratamento (MT) = $Y + Qk / 2np$

Erro padrão (SE) = $\sqrt{}\ 3\ S^2 / np$

Onde:

p = o número de tratamentos;

n = 2r (numa conceção completa);

r = o número de búfalos por sequência de tratamento;

$D_i\ j$ = o valor D para o búfalo $j^{th}$ na sequência de tratamento $i^{th}$ ;

D = $Y_1 - 2Y_2 + Y_3$ em que $Y_1$ , $Y_2$ e $Y_3$ representam o desempenho nos períodos 1, 2 e 3, respetivamente;

Q = Soma dos D's para o búfalo que recebe o tratamento no primeiro e terceiro períodos menos a soma dos D's para o búfalo que recebe o tratamento no segundo período;

M = Soma dos D's de todos os búfalos em todas as sequências;

Y = o desempenho médio geral na experiência;

$S^2$ = erro quadrático médio.

**Exemplo computacional:**

Os dados que se seguem são um exemplo da análise estatística do leite corrigido a 4%

de gordura. A análise estatística de todas as caraterísticas é apresentada nos Apêndices 1, 2, 3, 4 e 5 para o consumo e digestibilidade, parâmetros ruminais, parâmetros do plasma sanguíneo, produção de leite e sua composição e constituintes da gordura do leite, respetivamente.

Verificando que: p = 3, n = 2r = 2(1) = 2

| **Buffaloes** | **Period (1)** | **Period (2)** | **Period (3)** | **D value** |
|---|---|---|---|---|
| **Block (1)** | | | | |
| **1** | 15.31 (1) | 15.68 (2) | 16.89 (1) | 0.846 |
| **2** | 16.28 (2) | 15.40 (3) | 14.02 (2) | -0.492 |
| **3** | 22.07 (3) | 19.08 (1) | 21.08 (3) | 5.003 |
| **Sum** | 53.66 | 50.16 | 52.00 | 5.357 |
| **Block (2)** | | | | |
| **4** | 14.98 (1) | 12.80 (3) | 12.02 (1) | 1.415 |
| **5** | 17.52 (2) | 16.02 (1) | 16.29 (2) | 1.764 |
| **6** | 16.41 (3) | 15.49 (2) | 14.68 (3) | 0.112 |
| **Sum** | 48.91 | 44.31 | 43.00 | 3.291 |
| **Grand sum** | 102.57 | 94.47 | 95.00 | 8.648 |

| Treatments | Q values |
|---|---|
| 1 | - 4.506 |
| 2 | 0.314 |
| 3 | 4.192 |
| Sum | 0.0 |

**C.F.** = $(8.648)^2 / 3\,(2)\,(3)\,(3-1) = 2.077$

**Tss** = $1/6\,[(0.846)^2 + (-0.492)^2 + \ldots\ldots + (0.112)^2] - 2.077 = 3.108$

**SST** = $1/6\,(2)\,(3)\,[(-4.506)^2 + (0.314)^2 + (4.192)^2] = 1.054$

**Errors** = Tss - SST = 3.108 – 1.054 = 2.054

**Source of variance (ANOVA)**

| SOV | df | SS | MS | $F_c$ | $F_t$ (0.05) |
|---|---|---|---|---|---|
| **Total** | 5 | 3.108 | 0.622 | | |
| **Treatments** | 2 | 1.054 | 0.527 | 0.771 | 9.55 |
| **Error** | 3 | 2.053 | 0.684 | | |

**Y** = (102.57) + (94.47) + (95.00) /18 = 16.22

**MT1** = 16.22 + (-4.506 / 2 (2) 3) = 15.85

**MT2** = 16.22 + (0.314/ 2 (2) 3) = 16.25

**MT3** = 16.22 + (4.192 / 2 (2) 3) = 16.57

**SE** = root square [3 (0.684)/2 (3)] = 0.58

# CAPÍTULO 4
# RESULTADOS E DISCUSSÃO

## 1. Composição e análise química das rações experimentais

Composição e análise química das dietas experimentais são apresentados no Quadro 4.

**Tabela 4. Composição dos ingredientes dietéticos das rações experimentais e análise química (DM %).**

| Items | Control | P169 (L)[1] | P169 (H)[2] |
|---|---|---|---|
| **Composition, %** | | | |
| CFM | 69.96 | 69.83 | 70.25 |
| Roughage , % | 30.04 | 30.17 | 29.75 |
| Berseem | 19.22 | 19.31 | 18.87 |
| Rice straw | 10.82 | 10.86 | 10.88 |
| ProP169®, (g/h/d) | 0 | 2 | 4 |
| **Chemical composition, %** | | | |
| DM | 73.77 | 73.71 | 74.01 |
| OM | 89.57 | 89.56 | 89.59 |
| CP | 14.88 | 14.88 | 14.87 |
| EE | 3.72 | 3.71 | 3.72 |
| CF | 13.03 | 13.05 | 12.98 |
| NFE | 57.94 | 57.92 | 58.02 |
| Ash | 10.43 | 10.44 | 10.41 |
| Cell wall constituents | | | |
| NDF | 35.76 | 35.80 | 35.71 |
| ADF | 20.88 | 20.92 | 20.82 |
| ADL | 5.55 | 5.56 | 5.53 |
| Hemicelluloses | 14.88 | 14.88 | 14.89 |
| Cellulose | 15.33 | 15.36 | 15.29 |

[1]P169 (L): Propionibacteria P169 (low dose).
[2]P169 (H):Propionibacteria P169 (high dose).

As análises dos nutrientes da dieta e as composições dos ingredientes da dieta foram calculadas a partir das médias dos ingredientes diários oferecidos na forma individual e ajustados para as recusas. O rácio de concentrado de forragem grosseira foi comparável tanto para a dieta de controlo como para as dietas suplementadas com P169. As percentagens de forragem grosseira foram calculadas em 30,04, 30,17 e 29,75 para as rações de controlo, P169 (L) e P169 (H), respetivamente. Todas as análises de nutrientes foram bastante semelhantes em todas as dietas experimentais e equilibradas para serem iso-calóricas e iso-nitrogénicas.

As percentagens de CF e NDF estão dentro dos limites recomendados para as rações leiteiras (NRC, 2001).

## 2. Digestibilidade dos nutrientes e valor nutritivo afectados pelas dietas experimentais

O efeito da suplementação com propionibactérias P169 na digestibilidade dos nutrientes e no valor nutritivo de búfalas em lactação é mostrado na Tabela 5. Os coeficientes de digestibilidade aparente não foram significativamente diferentes ($P \leq 0,05$) entre os tratamentos para MS, OM, CP, CF, EE, NFE, NDF e ADF. Todos os coeficientes de digestibilidade de nutrientes de búfalos alimentados com dieta suplementada com baixa dose de P169 foram ligeiramente superiores ($P > 0,05$), com exceção das digestibilidades de CF, EE e ADF, que registaram um valor ligeiramente superior com a dieta suplementada com alta dose de P169 em comparação com a dieta de controlo. Este resultado está de acordo com estudos anteriores conduzidos por Raeth-Knight *et al.* (2007), que concluíram que não há efeitos na digestibilidade aparente da MS, PC e NDF com a alimentação de combinações de *L. acidophilus* LA747, *L. acidophilus* estirpe LA45 e *P. freudenreichii* PF24 no desempenho do gado leiteiro.

**Tabela 5. Efeito da suplementação com propionibactérias (P169) na digestibilidade dos nutrientes e no valor nutritivo das rações experimentais para búfalas em lactação.**

| Items | Propionibacteria (P169) | | | |
|---|---|---|---|---|
| | Control | P169 (L) | P169 (H) | ±SE |
| **Nutrients digestibility,%** | | | | |
| DM | 61.80 | 63.75 | 63.38 | 1.15 |
| OM | 64.92 | 67.04 | 66.64 | 1.17 |
| CP | 66.09 | 69.81 | 67.77 | 2.83 |
| CF | 53.01 | 52.91 | 54.08 | 1.37 |
| EE | 66.95 | 67.38 | 68.43 | 1.32 |
| NFE | 55.32 | 56.89 | 56.75 | 1.50 |
| NDF | 51.15 | 53.16 | 51.83 | 1.65 |
| ADF | 51.13 | 52.18 | 52.79 | 0.85 |
| **Nutritive value, %** | | | | |
| DCP | 9.83 | 10.39 | 10.08 | 0.44 |
| TDN | 61.06 | 62.99 | 62.60 | 1.10 |
| DE[1], MCal/Kg | 2.69 | 2.78 | 2.76 | 0.05 |
| ME[2], MCal/Kg | 2.27 | 2.35 | 2.34 | 0.04 |
| $NE_l$[3], MCal/Kg | 1.38 | 1.42 | 1.41 | 0.02 |

[1]DE= digestible energy; [2]ME= metabolic energy; and [3]$NE_l$= net energy for lactation, all these energy measurements were calculated according to NRC (2001).

Lehloenya *et al.* (2008b) referiram que a adição de *Propionibacterium* estirpe P169 melhorou as digestibilidades da MS, NDF e ADF *em comparação com a* dieta de controlo. Além disso, Boyd (2009) concluiu que a suplementação de inoculantes bacterianos vivos com ou/sem glicerol dietético na digestibilidade dos nutrientes durante o tempo quente não afectou significativamente a digestibilidade aparente da MS, PC, ADF e NDF para os tratamentos com suplementação vs. o controlo.

Em contrapartida, Akay e Dado (2001) concluíram que a adição de *Propionibacterium* estirpe P5 reduziu a digestibilidade da MS e da FDN dos alimentos *in vitro* em 2 e 14%, respetivamente, em comparação com o controlo. Robinson *et al.* (1986) propuseram que uma diminuição da digestão da FDN pode ter ocorrido devido ao aumento das concentrações de AGV, em especial de acetato, que pode inibir as bactérias produtoras de acetato, abrandando assim a taxa de digestão da fibra.

Grigsby *et al.* (1993) e Piennar *et al.* (1990) relataram que a digestão de MS e NDF diminuiu no rúmen com níveis crescentes de milho. Segundo Hoover (1986), uma depressão moderada do pH para cerca de 6,0 em resultado do amido resultou numa pequena diminuição da digestão da fibra, mas o número de organismos fibrolíticos não foi significativamente afetado. No entanto, a diminuição do pH para 5,5 ou 5,0 resultou em taxas de crescimento deprimidas e numa diminuição significativa dos micróbios fibrolíticos, de tal forma que a digestão da fibra foi quase completamente inibida.

O valor nutritivo das rações experimentais em termos de proteína bruta digestível (PCD), nutrientes digestíveis totais (NDT), energia digestível (ED), energia metabólica (EM) e energia líquida para a lactação (ELL) não apresentou diferenças significativas (P>0,05), como se pode ver no Quadro 5. No entanto, verificou-se uma tendência para valores ligeiramente mais elevados para os grupos tratados em P169 do que para a dieta de controlo.

## 3. Consumo de matéria seca e de nutrientes

Os pesos corporais médios (PC) das búfalas em lactação não diferiram significativamente (P>0,05) entre os tratamentos, como mostra a Tabela 6. No entanto, o peso corporal foi ligeiramente aumentado (P>0,05) em doses elevadas e baixas de P169 suplementado *vs.* a ração de controlo. O resultado está de acordo com o relatado por West e Bernard (2011), que não encontraram alterações no peso corporal entre os tratamentos suplementados com *Lactobacillus acidophilus e P. freudenreichii.* Além disso, Lehloenya *et al.* (2008b) concluíram que a variação do peso corporal não foi diferente entre os tratamentos para dietas contendo P169 com/ou sem levedura.

Em contraste, Francisco *et al.* (2002) verificaram que durante as primeiras 12 semanas de lactação, os pesos corporais médios das vacas pós-parto diferiram (P<0,10) entre as vacas tratadas com Propionibacteria (667,1kg) e as vacas de controlo (616,2). Também Boyd (2009) concluiu que a alteração do peso corporal não diferiu significativamente entre os tratamentos (1,02 kg/semana) e a dieta de controlo (0,92 kg/semana).

O efeito da suplementação com P169 na ingestão de matéria seca (DMI), nutrientes digestíveis totais (TDN) e proteína bruta digestível (DCP) de búfalas em lactação é mostrado na Tabela 6. Os consumos de matéria seca, TDN e DCP são expressos em Kg/h/d, g/Kg $w^{0.75}$ e Kg/100 kg BW. O consumo de matéria seca foi calculado em 13,58, 13,26 e 13,51 kg/h/d para o controlo, P169 (L) e P169 (H), respetivamente.

**Tabela 6. Efeito da suplementação com propionibactérias (P169) na ingestão de matéria seca e nutrientes em búfalas em lactação.**

| Items | Propionibacteria (P169) | | | |
|---|---|---|---|---|
| | Control | P169 (L) | P169 (H) | ± SE |
| **Average body weight, kg** | 549.9 | 552.5 | 551.5 | 4.55 |
| **Feed intake, kg/ h/d (as fed)** | | | | |
| CFM | 10.94 | 10.69 | 11.00 | 0.47 |
| Berseem | 16.37 | 16.07 | 16.04 | 0.19 |
| Rice straw | 1.60 | 1.56 | 1.60 | 0.04 |
| **Feed intake: Kg/ h/day (on DM basis)** | | | | |
| CFM | 9.50 | 9.26 | 9.49 | 0.44 |
| Berseem clover | 2.61 | 2.56 | 2.55 | 0.03 |
| Rice straw | 1.47 | 1.44 | 1.47 | 0.04 |
| **Total** | 13.58 | 13.26 | 13.51 | 0.37 |
| DM intake, g/kgw$^{0.75}$ | 119.6 | 117.0 | 119.9 | 2.82 |
| DM intake, kg/100kg BW | 2.48 | 2.42 | 2.49 | 0.05 |
| **TDN intake:** | | | | |
| Kg/h/day | 8.27 | 8.35 | 8.49 | 0.33 |
| g/kgw$^{0.75}$ | 73.00 | 73.78 | 75.20 | 2.58 |
| Kg/100 kg BW | 1.51 | 1.53 | 1.56 | 0.05 |
| **DCP intake:** | | | | |
| g/h/day | 1336.2 | 1379.1 | 1374.7 | 97.07 |
| g/kgw$^{0.75}$ | 11.77 | 12.18 | 12.11 | 0.78 |
| Kg/100 kg BW | 243.5 | 252.4 | 251.1 | 15.67 |

Foram observadas diferenças insignificantes (P<0,05) entre os tratamentos para DMI (Kg/h/d, g/Kg w$^{0.75}$ e Kg/100 kg BW). A suplementação de P169 para búfalas que receberam doses baixas registou uma redução na DMI em comparação com as outras. Este resultado está de acordo com estudos anteriores realizados por Allen (2001); Boyd (2009); Elam *et al.* (2003); Francisco *et al.* (2002); Osborn (2004); Raeth-Knight *et al.* (2007); Stein *et al.* (2006); Thompson (2011); Weiss *et al.* (2008); e West e Bernard (2011).

Os presentes resultados contrastam com o trabalho de Ondarza e Seymour (2008), que verificaram o impacto da suplementação dietética com propionibactérias (*Propionibacteria freudenreichii*, P169) (6 × 10$^{10}$ cfu/d por vaca) em rebanhos leiteiros comerciais de alta produção que estavam sob stress (o calor e a humidade do verão), registando um aumento do DMI (23,16 vs. 22,39 kg/d por vaca consumida para as *propionibactérias* e as vacas de controlo, respetivamente.

As razões para os resultados inconsistentes sobre o DMI são difíceis de determinar devido às variáveis entre os estudos, incluindo diferenças nas espécies bacterianas, quantidade de dosagem de DFM, ingredientes da dieta, dias de leite das vacas em estudo, paridade das vacas e, possivelmente, até mesmo as instalações onde o gado estava a ser alojado (Thompson 2011). Weiss *et al.* (2008) sugeriram que as vacas alimentadas com a estirpe *Propionibacterium* tinham um DMI mais baixo, resultando numa melhoria de 4,4% na eficiência de conversão da MS da dieta em $NE_l$ . Este resultado foi atribuído à alteração dos padrões de fermentação ruminal.

Em geral, o modo de ação dos suplementos microbianos administrados diretamente na alimentação varia em função do tipo e do substrato utilizado, da condição fisiológica do animal (por exemplo, crescimento, fase de lactação), da estratégia de alimentação e da relação forragem: concentrado (Wallace, 1994). No presente estudo, a alimentação com P169 tendeu a diminuir de forma insignificante (P>0,05) a DMI (kg/h/d) com a suplementação de baixa dose de P169. Em vacas leiteiras no início da lactação, a alimentação com P169 diminuiu o DMI/kg de PV (Francisco *et al.*, 2002), e a infusão intraruminal de propionato diminuiu o DMI (Oba e Allen, 2003). Baile (1971) propôs que os receptores de propionato na região ruminal poderiam funcionar para controlar a ingestão de alimentos, mas os efeitos específicos do propionato na regulação da DMI permanecem pouco claros (Allen, 2000). O propionato é um estimulante da secreção de insulina nos bovinos, o que pode influenciar indiretamente o apetite (Bines e Hart, 1984 e Aleman *et al.* 2007); assim, a falta de resposta da insulina à alimentação com P169 no presente estudo pode ter contribuído para a ausência de alterações na ingestão de nutrientes, apesar de o propionato ruminal ter aumentado. Estas sugestões podem estar de acordo com os resultados observados no grupo tratado com uma dose baixa de P169, que registou um valor mais baixo de DMI e um valor mais elevado de propionato ruminal *em comparação com* os outros grupos.

No mesmo contexto, os consumos de TDN e DCP expressos em Kg/h/d, g/Kg $w^{0.75}$ e Kg/100 kg BW, foram insignificantemente (P>0,05) diferentes quando afectados pela suplementação com P169 para búfalos que receberam ração restrita em comparação com o controlo (Tabela 6). No entanto, os consumos de TDN e DCP foram ligeiramente superiores nos grupos tratados em relação ao controlo.

## 4. Parâmetros ruminais afectados pelas rações experimentais

O efeito da alimentação com propionibactérias (P169) nos valores de pH, azoto amoniacal (NH3-N), concentrações totais de ácidos gordos voláteis (AGV) e proporções de

AGV individuais está resumido no Quadro 7.

**a. Valores de pH**

O pH ruminal de carneiros Rahmani afetado pela suplementação de propionibacteroa P169 é apresentado na Tabela 7. Os dados indicam que o pH ruminal antes da alimentação (tempo zero) era semelhante nos animais alimentados com dieta de controlo, dose baixa e alta de P169, respetivamente. Às 3 horas após a alimentação, o pH ruminal não diferiu significativamente entre os animais alimentados com uma dose baixa e alta de suplemento de P169 do que com a dieta de controlo.

O mesmo resultado foi obtido 6 horas após a alimentação. Os valores médios de pH não foram influenciados pelos tratamentos dietéticos em comparação com a ração de controlo. De um modo geral, os animais alimentados com P169 registaram os valores mais baixos de pH em todos os momentos de amostragem, em comparação com os animais alimentados com a ração de controlo. A diminuição gradual dos valores de pH ao longo do tempo após a alimentação foi sincronizada com o aumento gradual da concentração ruminal total de ácidos gordos voláteis nas mesmas alturas. Resultados semelhantes foram obtidos por Ghorbani *et al.* (2002); Lehloenya *et al.* (2008b); Raeth-Knight *et al.* (2007); Thompson (2011) e Yang *et al.* (2004).

Outros estudos registaram uma diminuição do pH ruminal com a alimentação de uma FDM. Stein *et al.* (2006) referiram que o pH ruminal era mais baixo nas vacas alimentadas com Propionibacteria a $6 \times 10^{11}$ ufc/d, em comparação com as vacas alimentadas com Propionibacteria a $6 \times 10^{10}$ ufc/d ou com as vacas alimentadas com o controlo (pH 6,65, 6,94 e 6,86, respetivamente).

**Tabela 7. Efeito da suplementação com propionibactérias (P169) das rações de ovinos em alguns parâmetros ruminais**

| Item | Time | Propionibacteria (P169) | | | |
|---|---|---|---|---|---|
| | | Control | P169 (L) | P169(H) | ±SE |
| | Zero time | 6.84 | 6.87 | 6.87 | 0.04 |
| Rumen pH | 3 hours | 6.22 | 6.16 | 6.09 | 0.07 |
| | 6 hours | 6.75 | 6.70 | 6.68 | 0.06 |
| | Mean | 6.60 | 6.58 | 6.55 | 0.04 |
| Rumen | Zero time | 9.59 | 7.95 | 9.12 | 0.38 |
| ammonia-N, | 3 hours | 15.05 | 15.00 | 16.72 | 0.94 |
| (mg/dl) | 6 hours | 10.21 | 10.81 | 10.93 | 0.33 |
| | Mean | 11.62 | 11.25 | 12.26 | 0.46 |
| TVFA's, meq/100ml | Zero time | 10.33 | 10.20 | 10.93 | 0.47 |
| | 3 hours | 14.80 | 13.40 | 13.40 | 0.49 |
| | 6 hours | 12.53 | 11.80 | 11.80 | 0.38 |
| | Mean | 12.55 | 11.80 | 12.04 | 0.35 |
| VFAs fractions, % | | | | | |
| | Zero time | 47.88 | 45.22 | 47.22 | 1.08 |
| Acetate | 3 hours | 48.81 | 49.10 | 48.90 | 0.68 |
| | 6 hours | 47.08 | 48.76 | 49.85 | 1.00 |
| | Mean | 47.93 | 47.69 | 48.65 | 0.25 |
| | Zero time | 27.92 | 29.24 | 26.88 | 0.69 |
| Propionate | 3 hours | 26.07 | 28.90 | 27.26 | 0.76 |
| | 6 hours | $26.91^{ab}$ | $28.52^{a}$ | $24.59^{b}$ | 0.89 |
| | Mean | $26.97^{b}$ | $28.89^{a}$ | $26.24^{b}$ | 0.49 |
| | Zero time | 1.55 | 2.29 | 2.75 | 0.66 |
| Isobutyrate | 3 hours | 0.75 | 0.42 | 0.54 | 0.14 |
| | 6 hours | 3.17 | 1.11 | 2.19 | 0.63 |
| | Mean | $1.82^{a}$ | $1.27^{b}$ | $1.83^{a}$ | 0.21 |
| | Zero time | 22.64 | 23.25 | 23.14 | 0.51 |
| Butyrate | 3 hours | 24.37 | 21.58 | 23.28 | 0.75 |
| | 6 hours | 22.83 | 21.60 | 23.36 | 0.77 |
| | Mean | 23.28 | 22.14 | 23.26 | 0.30 |
| | Zero time | 1.71 | 1.55 | 1.77 | 0.06 |
| A/P ratio | 3 hours | 1.87 | 1.71 | 1.81 | 0.06 |
| | 6 hours | 1.77 | 1.71 | 2.04 | 0.09 |
| | Mean | $1.78^{ab}$ | $1.66^{b}$ | $1.87^{a}$ | 0.04 |

Means in the same row with different letters are significantly different ($P<0.05$).

## b. Amoníaco N ruminal, (NH3-N)

O amoníaco-N é um dos produtos finais mais importantes da decomposição das proteínas no rúmen. Os resultados da Tabela 7 não indicaram qualquer efeito (P>0,05) dos tratamentos nas concentrações de amoníaco no rúmen. No entanto, as concentrações de NH3-N registaram valores ligeiramente mais elevados nos animais alimentados com uma dose elevada de P169, em comparação com os animais alimentados com uma dose baixa de P169 e com os grupos de controlo às 3 e 6 horas após a alimentação.

O valor médio de NH3-N seguiu a mesma tendência. Isto pode dever-se ao teor de PC nas dietas testadas e ao coeficiente de digestão. Dados semelhantes de NH3-N foram registados por Lehloenya *et al.* (2008b); Raeth-Knight *et al.* (2007) e Yang *et al.* (2004).

Por outro lado, Ghorbani *et al.* (2002) investigaram que a concentração ruminal de $NH_3$ tendia a ser mais elevada para os novilhos alimentados com *Propionibacteria* P15 do que para os novilhos alimentados com *Propionibacterium* P15 e *Enterococcus faecium* EF212 (PE) ou com o tratamento de controlo. No entanto, Thompson (2011) verificou que o NH ruminal$_3$ -N era maior nas vacas de controlo em comparação com as vacas dos outros tratamentos.

O efeito benéfico de um nível elevado de amoníaco N pode dever-se, em termos experimentais, ao aumento da quantidade de substrato disponível para a síntese de proteínas microbianas no rúmcn (Church, 1988).

**c. Concentrações totais de ácidos gordos voláteis e ácidos gordos voláteis individuais**

O efeito da alimentação com a propionibactéria P169 nas concentrações totais de AGV e nas proporções de AGV individuais no rúmen é mostrado na Tabela 7. Não houve efeito significativo da alimentação com P169 durante todo o tempo nas concentrações totais de AGV. Em geral, foram observados aumentos nos AGV com o controlo *vs.* o suplemento P169 após a alimentação. Na mesma tendência, os valores médios tenderam a ser mais baixos para os animais alimentados com P169 em comparação com os animais de controlo.

O acetato ruminal não apresentou valores significativos com a alimentação com P169; no entanto, o acetato ruminal aumentou ligeiramente nos animais alimentados com uma dose elevada de P169 às 3 e 6 horas após a alimentação, em comparação com a dose baixa e a ração de controlo. Além disso, os valores médios de acetato ruminal aumentaram com o tratamento de alta dose de P169 do que com os outros.

O propionato ruminal registou os valores mais elevados com a dose baixa de P169 em comparação com o controlo e a dose alta de P169 para os tempos (0 e 3h, respetivamente) e um efeito significativo às 6h após a alimentação. Assim, os valores médios para a dose baixa foram significativamente ($P<0,05$) aumentados em comparação com os outros tratamentos.

Os tratamentos não influenciaram ($P>0,05$) as proporções de isobutirato nos tempos zero, 3 e 6 horas. No entanto, a dose baixa de P169 registou valores significativos mais baixos ($P<0,05$) com isobutirato. O butirato ruminal não foi afetado pela adição de P169. Ao mesmo tempo, diminuiu com a dose baixa de ração.

O rácio acetato:propionato foi inferior ($P<0,05$) em 6,7 e 11,2% para os animais alimentados com uma dose baixa de P169 em comparação com o controlo e a dose alta. Este resultado pode ser devido à correlação negativa entre o rácio propionato e acetato-propionato. Lehloenya *et al.* (2008b) concluíram que, ao alimentarem-se com P169, as proporções molares de acetato diminuíram, a proporção molar de propionato aumentou (em 9,7%) e a relação acetato: propionato tendeu a diminuir em comparação com os novilhos de controlo. Os autores sugeriram que a alimentação com P169 altera o metabolismo ruminal para um aumento do propionato sem afetar o consumo de ração ou a cinética ruminal. O mesmo resultado foi observado por Akay e Dado (2001) e Weiss *et al.* (2008).

No mesmo contexto, kim *et al.* (2000) observaram que *P. acidipropionici*, em todos os níveis de dosagem e no período pós-teste, tinha níveis mais baixos de acetato. Os níveis de propionato foram maiores para todos os níveis de dosagem e, consequentemente, o acetato: propionato diminuiu em todas as dosagens, exceto $10^8$ cfu. Parece que *P. acidipropionici* alterou o metabolismo ruminal no sentido de menos acetato e mais propionato. A concentração de butirato diminuiu com o aumento da dose de *P. acidipropionici*. Sugeriram que *P. acidipropionici* reduziu efetivamente a concentração de butirato no rúmen.

Em contraste, Yang *et al.* (2004) utilizaram um sistema de cultura contínua de efluente duplo de quatro unidades para avaliar os efeitos da propionibacteria P15 como um DFM na fermentação. Verificaram que não existiam diferenças significativas entre os tratamentos para o acetato, propionato, butirato ou concentração total de AGV, ou relação acetato/propionato, exceto para o ácido caproico, que era ligeiramente mais elevado para o controlo do que para a suplementação com DFM. Além disso, Raeth-Knight *et al.* (2007) e Thompson (2011) obtiveram o mesmo resultado.

No mesmo contexto, Stein *et al.* (2006) verificaram que vacas multíparas alimentadas com a dose elevada de P169 apresentavam maiores percentagens molares de propionato ruminal. A percentagem molar de acetato ruminal não foi afetada pelo tratamento. No entanto, a relação acetato/propionato ruminal foi menor nas vacas alimentadas com a dose elevada de P169 do que nas vacas alimentadas com a dose baixa ou nas vacas de controlo. No entanto, houve uma tendência para que a percentagem molar de butirato ruminal fosse afetada pelo tratamento.

Por conseguinte, com base nos resultados da presente experiência e de experiências anteriores, a alimentação com uma bactéria produtora de propionato tem o potencial de aumentar as proporções ruminais de propionato e uma tendência para uma proporção mais baixa de acetato, sendo a relação acetato:propionato 9% mais baixa nos animais alimentados com P169.

## 5. Efeito da suplementação com propionibacteria P169 na ração de búfalos em alguns metabolitos plasmáticos

Os parâmetros sanguíneos mais críticos relacionados com o equilíbrio energético do organismo são os teores de glicose, ácidos gordos livres (AGL) e ácido beta-hidroxibutírico, bem como as hormonas metabólicas, entre outras, a insulina, o IGF-1, o cortisol e a leptina (Geishauser *et al.*, 2002).

### a. Glicose plasmática

O efeito da estirpe de propionibactérias P169 na concentração de glucose no plasma (mg/dl) de búfalas em lactação é apresentado no Quadro 8. A concentração de glucose no plasma aumentou de forma insignificante (P>0,05) com as rações suplementadas com P169 em comparação com o controlo. Assim, houve uma tendência para o aumento linear da glucose

para os búfalos alimentados com doses baixas e altas de P169, de 9 a 17% mais do que a ração de controlo.

**Tabela 8. Efeito da suplementação de propionibactérias (P169) a búfalos em alguns metabolitos do plasma sanguíneo.**

| Items | Propionibacteria (P169) | | | |
|---|---|---|---|---|
| | Control | P169 (L) | P169 (H) | ±SE |
| Glucose, mg/dl | 65.30 | 71.80 | 76.92 | 4.02 |
| Cholesterol, mg/dl | 142.70 | 155.48 | 171.06 | 19.69 |
| β-HBA, mmol/l | 1.12 | 0.75 | 0.90 | 0.22 |
| Triglyceride, mg/dl | 101.6 | 102.8 | 107.8 | 11.21 |
| Total lipids, mg/dl | 428.6 | 469.3 | 476.9 | 53.96 |

Estes resultados estão de acordo com as conclusões de Ghorbani *et al.* (2002); Daivis (2006); Aleman *et al.* (2007); Lehloenya *et al.* (2008a); Boyd (2009). Além disso, Klebaniuk *et al.* (2009) verificaram que as vacas dos grupos experimentais que receberam dietas com um aditivo glucogénico (mistura de propionato de cálcio e propilenoglicol em forma solta) em dois níveis (300 ou 450 g/cabeça/d) e durante dois períodos diferentes (4 ou 7 semanas) a partir do parto elevaram a concentração de glucose e diminuíram a acumulação de ácido beta-hidroxibutírico e de ácidos gordos livres no plasma sanguíneo.

Nos ruminantes, a gluconeogénese é de grande importância em todos os momentos e é mais importante após a alimentação, quando há um grande influxo de metabolitos na corrente sanguínea. Assim, a eficiência teórica do propionato como fonte de energia para ATP é de 108% em comparação com a glicose (McDonald *et al.*, 2002), pelo que a alimentação direta com propionibactérias pode ser uma forma natural de aumentar a produção hepática de glicose e influenciar positivamente o metabolismo (Francisco *et al.*, 2002).

**b. Colesterol plasmático**

O efeito da estirpe de propionibactérias P169 na concentração de colesterol plasmático (mg/dl) de búfalas em lactação é apresentado na Tabela 8. O presente estudo destaca o facto de que a concentração média de colesterol total variou ligeiramente e que algum aumento do mesmo no plasma sanguíneo de búfalas em lactação alimentadas com a dieta com o aditivo propionibacteria P169 pode ser considerado benéfico. Foram registados aumentos semelhantes no nível de colesterol sistemático (Francisco *et al.*, 2002; e Petit *et al.*, 2001) e podem ser utilizados como possíveis indicadores do estado energético dos animais. Em apoio a esta sugestão, a concentração de colesterol plasmático (r = 0,41 a 0,44) está positivamente correlacionada com o balanço energético no presente estudo e em estudos anteriores (Spicer *et al.* 1990; 1993).

Nos ruminantes, uma diminuição do colesterol, que é o precursor de todas as hormonas esteróides, pode constituir um desafio (Rabiee e Lean, 2000 e Reist *et al.*, 2003). A sua concentração no sangue e a síntese de hormonas esteróides estão positivamente correlacionadas com a ingestão de alimentos e o estado de saúde dos animais, ao passo que um baixo teor de colesterol e de glucose contribui para um atraso na conceção subsequente (Rabiee e Lean, 2000). É provável que o aumento da progesterona à medida que o tempo pós-parto avança se deva em parte ao aumento do colesterol plasmático. A presente investigação revelou o efeito da suplementação com propionibacteria P169 no nível de colesterol total no plasma sanguíneo.

**c. Ácido β-hidroxibutírico plasmático (βHBA)**

O efeito da estirpe *de propionibactérias* P169 na concentração plasmática de β-hidroxibutirato (mmol/L) de búfalas em lactação é apresentado no Quadro 8. O β-HBA plasmático foi insignificantemente (P>0,05) mais baixo para búfalas alimentadas com a dose baixa e alta de P169 em comparação com búfalas alimentadas com a dieta de controlo. Este resultado está de acordo com os relatados por Francisco *et al.* (2002); e Klebaniuk *et al.* (2009). Além disso, Van Knegsel *et al.* (2007) concluíram que a dieta glucogénica era eficaz na melhoria do balanço energético calculado e na diminuição do β-hidroxibutirato plasmático, e sugeriram um risco reduzido de distúrbios metabólicos em vacas leiteiras multíparas alimentadas com uma dieta glucogénica.

Este resultado pode indicar que a dieta fornece um nível energético ótimo a estas vacas, uma vez que o teor de ácido BHB no plasma sanguíneo reflecte o estado energético a curto prazo, ao passo que o nível de ácidos gordos livres (AGL) afasta os processos energéticos. Um nível elevado de AGL no plasma sanguíneo representa a magnitude da gordura corporal (Herdt *et al.* 2000; e Reader, 2003)

No mesmo contexto, Lean *et al.* (1992) verificaram que, em vacas multíparas, as concentrações de glucose estão negativamente correlacionadas com as concentrações de BHB e o balanço energético líquido estimado está negativamente correlacionado com o beta hidroxibutirato.

**d. Triglicéridos plasmáticos**

O conteúdo de triglicéridos (mg/dl) no plasma sanguíneo de búfalas em lactação com propionibactérias p169 na dieta na dose de 2g e 4g/cabeça/dia aumentou insignificantemente (P>0,05) durante todo o período de ensaio, respetivamente, em comparação com búfalas alimentadas com a dieta de controlo, como se mostra no Quadro 8. Não foi efectuado qualquer estudo com vacas leiteiras ou búfalas em lactação para determinar os contributos da alimentação com estirpes de propionibactérias como suplemento para os triglicéridos plasmáticos durante o início da lactação. No entanto, no estudo realizado por Van Knegsel *et al.* (2007), as concentrações de triacilgliceróis no fígado plasmático diminuíram quando alimentaram vacas multíparas com a dieta glucogénica em comparação com a dieta lipogénica.

O nível de triglicéridos, que constituem a principal forma de reserva de gordura armazenada no organismo e o substrato secundário para a gluconeogénese nos ruminantes e que são libertados para a circulação quando necessário (Herdt, 1988), contribuiu para a produção de glicose em pequenas quantidades (cerca de 3 - 4%) para o glicerol (Seal e Parker,

1994).

Drackley (1999) sugeriu que taxas extremas de mobilização de lípidos levam a um aumento da absorção de NEFA pelo fígado e a uma maior acumulação de triglicéridos (TG). Quando as concentrações de glicose no sangue aumentam, a lipogénese predomina sobre a lipólise e assim a libertação de NEFA do tecido adiposo é suprimida (Herdt, 2000). Quando a concentração de glicose diminui, como ocorre logo após o parto, a mobilização de NEFA para o tecido adiposo é estimulada (Herdt, 2000 e Melendez *et al.*, 2002).

### e. Lípidos totais no plasma

O efeito da alimentação com propionibacteria P169 nas concentrações de lípidos totais no plasma (mg/dl) de búfalas em lactação é apresentado na Tabela 8. As alterações do perfil metabólico dos lípidos são fundamentais para avaliar o curso do processo metabólico no organismo. A suplementação de P169 como percursor glucogénico na dose de 2g e 4g /cabeça/dia não diferiu significativamente (P>0,05) entre todos os tratamentos e o controlo, no entanto, houve concentrações numericamente mais elevadas para as búfalas alimentadas com doses baixas e altas de aditivos P169, respetivamente, em comparação com as búfalas alimentadas com a dieta de controlo. O aumento dos lípidos totais plasmáticos pode dever-se ao aumento do colesterol total e dos triglicéridos plasmáticos nos búfalos alimentados com o suplemento P169, em comparação com os búfalos alimentados com a dieta de controlo.

## 6. Efeito dos tratamentos na produção de leite e na sua composição e perfil de ácidos gordos

### a. Produção de leite real e corrigida para 4% de gordura

O efeito da suplementação de *propionibactérias* (P169) nas dietas de búfalas em lactação sobre a produção real de leite (kg/h/d) e 4% de leite corrigido com gordura é mostrado na Tabela 9. A produção real de leite e o leite corrigido para 4% de gordura (FCM) foram insignificantemente (p<0,05) aumentados em búfalas lactantes em resposta à suplementação de P169 na dieta em comparação com a ração controle, sendo (100, 105, e 104,5%) para o controle, baixa dose e alta dose de ração suplementada, respetivamente. Resultados semelhantes foram relatados por Raeth-Knight *et al.* (2007), que não detectaram diferença na produção de leite e nos componentes do leite quando os tratamentos descritos anteriormente foram fornecidos a vacas leiteiras no meio da lactação. Thompson (2011) suplementou a dieta com $10^9$ cfu/g de *Lactobacillus acidophilus* e $10^9$ cfu/g de *Propionibacterium freudenreichii* como FDM administrado, não mostrando diferenças na produção de leite e nos componentes do leite (gordura, proteína, lactose, SNF %) de vacas leiteiras em comparação com as vacas de controlo.

Em contrapartida, o efeito positivo da utilização de FDM como *propionibactérias* foi detetável em vários estudos. Stein *et al.* (2006) relataram que vacas multíparas no início da lactação às quais foram oferecidas 6 x $10^{10}$ ou 6 x $10^{11}$ cfu/d de *Propionibacterium* estirpe P169 produziram cerca de 7,1 e 8,5% de aumentos acima dos seus controlos no leite diário corrigido para 4% de gordura para vacas tratadas com alta dose e baixa dose de P169, respetivamente.

Ondarza e Seymour (2008) verificaram que a produção de leite foi positivamente afetada (P = 0,04) pela suplementação com *propionibactérias* durante o início da lactação (0 a 100 dias de leite, DIM) e vacas mais velhas (3ª lactação e superior) com excelente produção global de leite ao longo do estudo, com médias de 44,31 e 43,06 kg/d para as dietas suplementadas com *propionibactérias* e de controlo, respetivamente. Além disso, West e Bernard (2011) observaram que a suplementação da dieta com dois inoculantes bacterianos (*Propionibacterium freudenreichii estirpe NP24, Lactobacillus acidophilus estirpe NP51, e L. acidophilus A estirpe NP45)* resultou em maiores rendimentos de gordura do leite, FCM e leite com correção energética para as vacas Holstein em lactação do que para os controlos.

**Tabela 9. Produção e composição do leite afectadas pela suplementação com *propionibactérias* (P169) na dieta de búfalas em lactação.**

| Items | Propionibacteria (P169) | | | ±SE |
|---|---|---|---|---|
| | Control | P169 (L) | P169 (H) | |
| **Milk yield (Kg/day)** | | | | |
| Milk yield | 9.96 | 10.50 | 10.45 | 0.34 |
| 4% Fat- corrected milk | 15.85 | 16.25 | 16.57 | 0.58 |
| **Milk composition, %** | | | | |
| Fat | 7.99 | 7.69 | 7.94 | 0.18 |
| Total solids | 18.01 | 18.04 | 18.35 | 0.23 |
| Solids-not-fat | 10.02 | 10.35 | 10.31 | 0.18 |
| Total protein | 3.84 | 3.87 | 3.89 | 0.02 |
| Lactose | 5.15 | 5.13 | 5.14 | 0.05 |
| **Milk constituent yield, Kg/day** | | | | |
| Fat | 0.795 | 0.807 | 0.829 | 0.03 |
| Total solids | 1.79 | 1.89 | 1.91 | 0.06 |
| Solids-not-fat | 1.00 | 1.08 | 1.07 | 0.03 |
| Total protein | 0.380 | 0.404 | 0.403 | 0.01 |
| Lactose | 0.513 | 0.539 | 0.538 | 0.02 |

No entanto, Weiss *et al.* (2008) observaram que as vacas alimentadas com a estirpe *Propionibacterium* P169 desde duas semanas antes do parto até 119 DIM ($6 \times 10^{11}$ cfu/vaca/dia), tiveram um valor mais baixo no tratamento P169 do que o valor para as vacas de controlo. As concentrações e produções de gordura e proteína do leite e a produção de leite com correção energética (ECM) foram maiores ($P<0,05$) durante a primeira semana de lactação para as vacas alimentadas com

P169, mas a eficiência da produção foi melhorada (produção de leite por unidade de matéria seca ingerida).

Embora o presente estudo tenha revelado a melhoria da produção de leite sem quaisquer diferenças estatísticas, existem teorias que explicam esta melhoria; por exemplo: Boyd (2009) sugeriu que a melhoria da produção de leite na ausência de maior DMI pode ser devido à melhoria da função ruminal, seja através da melhoria da digestão, modificação das condições ambientais ruminais ou maior produção de proteína microbiana.

Assim, a eficiência teórica da utilização do propionato como fonte de energia para ATP é de 108% em comparação com a glucose (McDonald *et al.,* 2002). Assim, a alimentação direta com *propionibactérias* pode ser uma forma natural de aumentar a produção hepática de glicose e influenciar positivamente o metabolismo (Francisco *et al.* 2002).

Trabalhos anteriores relataram que várias estirpes de *Propionibacterium* afectam a fermentação ruminal aumentando as proporções molares de propionato ruminal (Kim *et al.* 2000; Stein *et al.* 2006). Francisco *et al.* (2002) relataram que vacas em início de lactação alimentadas com 17 g de cultura de *Propionibacterium* (estirpe identificada como P169 e suplementada a aproximadamente 6 x $10^{10}$ cfu/d em (Stein *et al.* 2006) consumiram menos MS e produziram quantidades de leite semelhantes às do grupo de controlo.

**b. Composição do leite**

As concentrações dos constituintes do leite são apresentadas na Tabela 9. Não houve efeito significativo (P>0,05) da *propionibactéria* P169 nas porcentagens e rendimentos da composição do leite. No entanto, o leite foi alterado pelos tratamentos em comparação com a ração de controlo, em que as búfalas alimentadas com a ração de controlo tinham uma maior percentagem de gordura no leite do que as búfalas alimentadas com a ração suplementada com P169. No entanto, a produção de gordura foi maior no grupo tratado com P169 do que no grupo de controlo. As percentagens de sólidos totais e os rendimentos foram ligeiramente superiores no grupo suplementado com P169 do que no grupo de controlo.

A percentagem de SNF e o rendimento tenderam a ser (P>0,05) maiores no tratamento de búfalos P169 do que no controlo, sem diferenças significativas (Quadro 9).

A percentagem de proteínas totais foi ligeiramente superior (P>0,05) nos grupos tratados em *comparação com* o grupo de controlo no Quadro 9. A produção de proteína do leite não diferiu entre os grupos tratados e os búfalos alimentados com o grupo de controlo. No entanto, a produção de proteína do leite foi 6-13% maior para as búfalas alimentadas com doses baixas e altas de P169 do que para as búfalas do grupo de controlo durante o início da lactação.

A percentagem de lactose não diferiu significativamente (P>0,05) entre os tratamentos Tabela 9. A produção de lactose tem uma tendência positiva (P>0,05) como resposta à adição de P169 *vs.* o controlo, a produção de lactose (kg/d) foi em média 5% tendendo a aumentar de forma não significativa no grupo tratado com P169 do que no controlo.

A alimentação de vacas leiteiras com *Propionibacterium* isoladamente ou em combinação com outras bactérias tem sido estudada, mas os resultados têm sido inconsistentes. Os resultados deste estudo são semelhantes aos relatados por (Francisco *et al.*, 2002), que descobriram que a alimentação com esta estirpe de *Propionibacterium* não afectou a produção de leite ou a composição do leite, mas reduziu a DMI. Além disso, Raeth-Knight *et al.* (2007) concluíram que a suplementação de *Lactobacillus acidophilus* e *Propionibacteria freudenreichii* em vacas leiteiras em lactação média não teve efeito na produção de leite ou nos componentes do leite. Outra experiência (Ondarza e Seymour, 2008) mostrou que a adição de *propionibacteria* P169 a uma taxa de (6 × $10^{10}$ cfu/d por vaca) não afectou as percentagens de gordura e proteína do leite e a produção de gordura e proteína verdadeira do leite (kg/d). Thompson (2011) suplementou $10^9$ CFU/g de *Lactobacillus acidophilus* e $10^9$ CFU/g de *Propionibacterium freudenreichii* como DFM administrado a vacas leiteiras, sem diferenças nos componentes do leite (gordura, proteína, lactose, SNF %) em comparação com vacas de controlo. Weiss *et al.* (2008) realizaram um estudo para determinar o efeito de uma FDM, a estirpe *Propionibacterium* P169 foi administrada a uma taxa de 6 x $10^{11}$ ufc/d e os autores referiram que as vacas leiteiras alimentadas com a estirpe *Propionibacterium* tinham uma produção e composição do leite semelhantes às das vacas de controlo.

Por outro lado, muitos investigadores estudaram a resposta da composição do leite à suplementação com P169. Lehloenya *et al.* (2008a) suplementaram 56 g de levedura V-XP de diamante (XPY) sozinha ou em combinação com a estirpe *de propionibactérias* P169 (6 x $10^{11}$ cfu/cabeça/dia) para 31 vacas primíparas e multíparas (MP) da raça Holstein durante o início e o meio da lactação. As percentagens e os rendimentos de proteína do leite e SNF foram aumentados nos tratamentos em comparação com o controlo durante o meio da lactação para vacas MP. A percentagem de gordura do leite foi 8-18% maior no grupo de controlo do que nos grupos tratados. A percentagem de lactose do leite nas vacas MP alimentadas com P169+XPY foi 3-5% superior às restantes. Sugeriram que a alimentação com P169+XPY pode ter melhorado a gluconeogénese e aumentado a captação de glucose pela glândula mamária em vacas Holstein. Assim, um suplemento alimentar combinado de P169 e XPY pode ter potencial como alternativa natural às hormonas e antibióticos para melhorar o desempenho da lactação.

No mesmo contexto, Stein *et al.* (2006) relataram que a percentagem de gordura do leite era significativamente maior em vacas multíparas P169 de baixa dose e de controlo do que em vacas multíparas P169 de alta dose. No entanto, as percentagens de lactose e de sólidos não gordos (SNF) foram maiores nas vacas multíparas P169 com doses elevadas e baixas do que nas vacas multíparas de controlo. Não houve diferenças entre os grupos de tratamento em vacas primíparas para as percentagens de gordura, lactose e sólidos sem gordura (SNF). No entanto, a percentagem de lactose foi mais elevada nas primíparas com uma dose elevada de P169 do que nas primíparas com uma dose baixa de P169. Os autores sugeriram que o aumento da lactose poderia ser causado por um aumento do propionato ou por uma diminuição do rácio acetato/propionato. Como o propionato é um precursor da gluconeogénese, o aumento da gluconeogénese no fígado aumentaria a captação de glucose pela glândula mamária para segregar mais lactose no lúmen (Stein *et al.,* 2006). Seguindo a ideia de que a lactose é um regulador osmótico da produção de leite, com um aumento da lactose há um aumento da produção de leite, que pode ou não aumentar a percentagem total de lactose. A menor percentagem de gordura do leite pode ser explicada como um efeito de diluição devido ao aumento de água no lúmen do sistema mamário. Outra possibilidade é que a DFM cause uma menor percentagem de butirato, o que poderia resultar numa menor percentagem de gordura do leite (Stein *et al.,* 2006). Possíveis formas de a estirpe 169 de *Propionibacterium* aumentar os níveis de proteína do leite devido à melhoria da digestibilidade ruminal que poupa aminoácidos e/ou aumenta a DMI que aumenta a digesta ruminal e o fluxo de proteína microbiana para o intestino delgado (Stein *et al.*, 2006).

Weiss *et al.* (2008) sugeriram pelo menos duas razões possíveis para o modo de ação real da melhoria da eficiência: 1) a P169 poderia aumentar a digestibilidade; no entanto, a digestibilidade dos nutrientes não foi alterada quando as vacas leiteiras foram alimentadas com outra estirpe de *propionibactérias* (Raeth-Knight *et al.,* 2007); ou 2) a melhoria da eficiência poderia resultar do aumento da produção de ácido propiónico no rúmen e da redução concomitante do metano (Rogers e Davis, 1982). Ganhos adicionais em eficiência poderiam ocorrer pelo aumento do uso de propionato para a síntese de componentes do leite; isto é, menor incremento de calor (Dado *et al.,* 1993).

### c. Perfil dos ácidos gordos do leite

Efeitos da *propionibacteria* P169 nos ácidos gordos do leite

A composição do leite de búfalas em lactação é mostrada na Tabela 10. Os ácidos gordos de cadeia curta incluindo (C6:0, C8:0 e C10:0) foram insignificantemente ($p>0,05$) diferentes no leite de búfalas alimentadas com P169 (dose baixa e alta) em comparação com o controlo.

Além disso, os ácidos gordos de cadeia média, incluindo (C14:0, C14:1 e C15:0) não foram significativamente afectados pela suplementação de P169 nos tratamentos. No entanto, o C14:0 e o C15:0 tenderam a diminuir com a suplementação de uma dose baixa de P169 em comparação com a dose alta de P169 e o controlo.

**Tabela 10. Composição dos ácidos gordos do leite afetada pela suplementação com *propionibacteria* P169 na dieta de búfalas em lactação.**

| Items | Propionibacteria (P169) | | | |
|---|---|---|---|---|
| | Control | P169 (L) | P169 (H) | ± SE |
| **C6:0** | 0.75 | 1.16 | 0.63 | 0.77 |
| **C8:0** | 0.89 | 1.07 | 0.85 | 0.47 |
| **C10:0** | 1.99 | 2.12 | 2.46 | 0.27 |
| **C12:0** | 2.92 | 2.92 | 3.44 | 0.16 |
| **C14:0** | 14.10 | 14.08 | 15.05 | 0.84 |
| **C14:1** | 0.49 | 0.67 | 0.63 | 0.07 |
| **C15:0** | 1.14 | 1.10 | 1.18 | 0.24 |
| **C16:0** | 37.48 | 38.26 | 38.00 | 1.06 |
| **C16:1** | 1.39 | 1.65 | 1.46 | 0.39 |
| **C17:0** | 0.35 | 0.64 | 0.55 | 0.14 |
| **C18:0** | 13.00 | 11.00 | 11.19 | 1.37 |
| **C18:1n9c** | 20.62 | 20.38 | 20.00 | 2.13 |
| **C18:1n9t** | 1.69 | 2.31 | 2.23 | 0.30 |
| **C18:2n6t** | 1.14 | 0.35 | 0.52 | 0.53 |
| **C18:2n6c** | 0.56 | 0.69 | 0.42 | 0.26 |
| **C18:3n6** | 0.70 | 0.76 | 0.68 | 0.44 |
| **C18:3n3** | 0.11 | 0.23 | 0.19 | 0.04 |
| **C20:0** | 0.57 | 0.50 | 0.37 | 0.37 |
| **C20:1** | 0.10 | 0.12 | 0.15 | 0.04 |

A adição de P169 às dietas de búfalas em lactação não afetou significativamente ($p>0,05$) os ácidos graxos de cadeia longa no leite de búfala Tabela 10. No entanto, todos os ácidos gordos de cadeia longa foram ligeiramente mais elevados entre o tratamento dietético P169 do que o controlo, exceto C18:0, C18:1n9c, C18:2n6t e C20:0 que foram maiores no controlo do que os grupos de tratamento de P169 Tabela 10.

Thompson (2011) verificou que o efeito de $10^9$ CFU/g de *Lactobacillus acidophilus* e $10^9$ CFU/g *Propionibacterium freudenreichii* (DFM) de suplementação de ácidos gordos do leite em vacas leiteiras em lactação não foi significativo nas classes totais de ácidos gordos do leite (ácidos gordos saturados, ácidos gordos insaturados, ácidos gordos monossaturados, ácidos gordos polinsaturados, ácidos gordos polinsaturados n-6, ácidos gordos polinsaturados n-3 e ácido linoleico conjugado) por concentração ou percentagem de composição. No presente estudo, os resultados das composições de ácidos gordos do leite estavam em boa concordância com os relatados por Thompson (2011), que atribuiu os ligeiros aumentos no perfil de ácidos gordos do leite possivelmente ao efeito da dosagem das bactérias pós-ruminais.

## 7. Eficiência alimentar e económica

A eficiência alimentar e económica da suplementação da ração de búfalas em lactação com propionibacteria P169 foi calculada e representada no Quadro 11. Os valores da eficiência alimentar expressos como 4% FCM / kg para DM, TDN e DCP intakes/kg foram aumentados com a suplementação de P169 a búfalas contra o valor do controlo.

Este resultado está de acordo com os relatados por Allen (2001), que adicionou um produto microbiano contendo *Lactobacillus acidophilus* e *Propionibacterium freudeneichii* vivos à dieta de bovinos em acabamento. A conversão alimentar foi melhorada a uma taxa de 2,4%, mas sem diferenças estatisticamente significativas (P>0,05). Além disso, Huck *et al.* (2000) referiram que a adição de *Lactobacillus acidophilus* BG2FO4 e *Propionibacterium freudenreichii* P-63 melhorou a eficiência alimentar (910%) em comparação com os controlos.

**Tabela 11. Efeito da suplementação com propionibactérias (P169) nas rações testadas sobre a eficiência alimentar e económica simples para o desempenho de búfalas em lactação.**

| Items | Propionibacteria (P169) | | |
|---|---|---|---|
| | Control | P169 (L) | P169 (H) |
| **Feed efficiency** | | | |
| **Kg 4% FCM/ Kg DMI** | 1.16 | 1.22 | 1.22 |
| **Kg 4% FCM /Kg TDN intake** | 1.92 | 1.94 | 1.95 |
| **Kg 4% FCM /Kg DCP intake** | 11.86 | 11.78 | 12.05 |
| **Economic efficiency** | | | |
| **Feeding cost, L.E.** | | | |
| **CFM** | 24.06 | 23.51 | 24.20 |
| **Berseem** | 3.27 | 3.21 | 3.21 |
| **Rice straw** | 0.40 | 0.39 | 0.40 |
| **ProP169®** | 0 | 1.6 | 3.2 |
| **Total cost, L.E./day** | 27.73 | 28.71 | 31.01 |
| **Price of milk, L.E.** | 49.80 | 52.50 | 52.25 |
| **Cost of 1kg milk, L.E.** | 1.80 | 1.83 | 1.68 |
| **Return over feeding cost, L.E./day** | 22.07 | 23.79 | 21.24 |
| **Relative economic efficiency, %** | 100 | 107.8 | 96.2 |

The prices of feedstuffs (LE/Ton) were: CFM/ton= 2200 L.E., Berseem/ ton= 200 L.E., Rice straw/ ton= 250L.E, ProP169® product/kg= 800 L.E. and Raw milk (farm gate price/kg) = 5.00L.E.

A eficiência económica foi calculada de acordo com os preços de mercado dos ingredientes da ração e do leite na altura da experiência: "os preços dos alimentos para animais (LE/Ton) eram: CFM = 2200 LE; Berseem = 200 LE; e Palha de arroz=250 LE; enquanto o preço do suplemento alimentar foi; ProP169®/ kg = 800 LE". Por outro lado, o preço de mercado corrente para o produto (leite cru) era de 5,00 LE/ Kg (preço à saída da exploração).

Os cálculos de eficiência económica indicaram que havia diferenças entre as diferentes rações experimentais em termos de retorno sobre o custo de alimentação (LE) ou eficiência relativa à dieta basal (dieta de controlo). O ligeiro aumento na produção de leite nas dietas suplementadas com P169 foi diminuído como resultado do aumento do custo de alimentação. A avaliação económica indicou que a adição de propionibactérias P169 a rações de búfalas em lactação é economicamente inviável, onde a eficiência económica relativa foi de 100, 107,8 e 96,2% para o controlo, dose baixa e dose alta de P169, respetivamente. Assim, poderia ser rentável suplementar a ração com uma dose baixa de P169 para búfalas em lactação. Mais rentável poderia ser com vacas altamente lactantes em que as suas necessidades proteicas e energéticas são bastante elevadas.

# CAPÍTULO 5
# CONCLUSÃO

Os resultados deste ensaio concluem que a adição de inoculantes bacterianos contendo a estirpe P. *freudenreichii* P169 a dietas de búfalas em lactação durante o início da lactação não teve qualquer efeito sobre a DMI, a digestibilidade aparente dos nutrientes, a produção real de leite e 4% da FCM, os componentes do leite e os ácidos gordos do leite, mas melhorou a conversão alimentar.

Não foram observadas diferenças significativas para o pH ruminal, $NH_3$ -N, fermentação ruminal de TVFAs, acetato, butirato e isobutirato, mas o propionato ruminal aumentou significativamente e a relação acetato:propionato diminuiu com a dose baixa de P169. A glicose no plasma sanguíneo, o colesterol, os triglicéridos e os metabolitos dos lípidos totais tenderam a aumentar em resposta à suplementação com P169, mas o β-hidroxibutirato diminuiu de forma insignificante com dietas que continham P169.

Em termos de dinheiro (LE), a eficiência económica foi afetada pelo tratamento com doses baixas de P169; isto significa que o produto lácteo no Egito será aumentado em 5% a partir dos mesmos animais leiteiros e a eficiência económica relativa será aumentada em 7,8%.

O efeito da suplementação de P169 na dieta de animais leiteiros sobre a produção de leite, a sua composição e a eficiência alimentar necessita de mais estudos utilizando um grande número de animais para se ter uma recomendação segura para a utilização deste aditivo alimentar na nutrição de animais leiteiros.

# CAPÍTULO 6

## RESUMO

Este estudo foi realizado na Estação Agrícola Experimental do Departamento de Produção Animal da Faculdade de Agricultura da Universidade do Cairo e no Departamento de Ciência dos Lacticínios do Centro Nacional de Investigação, Dokki, Giza, Egito.

A experiência foi conduzida para estudar os efeitos da suplementação com *Propionibacteria* P169 como FDM utilizando dois níveis em comparação com a ração de controlo que consistia numa ração com elevado teor de concentrado sobre o consumo de ração e a digestibilidade dos nutrientes, parâmetros ruminais, parâmetros do plasma sanguíneo, produção e composição do leite e constituintes da gordura do leite, respetivamente.

Seis búfalas egípcias em lactação (de $3^{rd}$ a $5^{th}$ épocas de lactação) foram utilizadas após 4 dias de parto. O peso corporal médio foi de 551 kg. Os animais foram dispostos num desenho de 3x3 com alternância completa. O período experimental total foi de 90 dias e dividido em três períodos de 30 dias cada. Todos os animais foram submetidos a um regime de restrição alimentar. As necessidades de nutrientes foram calculadas com base no peso corporal e na produção de leite, de acordo com (Ghoneim, 1967). Todos os suplementos foram adicionados à mistura de alimentos concentrados. As dietas experimentais foram as seguintes:

1- Controlo (C): 69,96% de mistura de alimentos concentrados (FCM) e 30,04% de alimentos grosseiros (19,22% de bérberis frescos (B) e 10,82% de palha de arroz (RS), com base na matéria seca).

2- Controlo (69,83% de mistura de alimentos concentrados (FCM) e 30,17% de forragem grosseira (19,31% de bérberis frescos (B) e 10,86% de palha de arroz (RS), com base na matéria seca) + 2 g de Dairy ProP169® / por animal / dia (dose baixa).

3- Controlo (70,25% de mistura de alimentos concentrados (FCM) e 29,75% de alimentos grosseiros (18,87% de bérberis frescos (B) e 10,88% de palha de arroz (RS), com base na matéria seca) + 4 g de Dairy ProP169® / por animal / dia (dose elevada).

No final de cada período de recolha, a produção de leite foi registada, a digestibilidade dos nutrientes foi determinada utilizando a técnica das cinzas insolúveis em ácido (AIA). Foram determinados alguns metabolitos do plasma sanguíneo. Entretanto, foram determinadas a produção e a composição do leite. Ao longo deste estudo foi estimada a eficiência económica. Foram colhidas amostras de rúmen de carneiros Rahmani machos maduros, em condições e desenho experimental semelhantes aos dos búfalos. Os carneiros tinham em média 42 kg de peso corporal e cerca de 1,5 anos de idade. Todos os animais foram mantidos em compartimentos individuais num quadrado latino 3 x 3.

**Os resultados obtidos através do presente estudo podem ser resumidos da seguinte forma**

1- A adição de *Propionibacteria* P169 à dieta de controlo não afectou o peso corporal, enquanto a DMI registou uma redução da DMI em comparação com as outras. Os consumos de TDN e DCP foram ligeiramente superiores no grupo tratado com P169 do que no grupo de controlo.
2- As digestibilidades dos nutrientes de MS, OM, CP, EE, CF, NFE, NDF e ADF não diferiram significativamente entre os tratamentos. No entanto, todos os coeficientes de digestibilidade dos nutrientes dos búfalos tratados com a dieta suplementada com uma dose baixa de P169 foram ligeiramente mais elevados ($P>0,05$) do que os outros, com exceção das digestibilidades da CF, EE e ADF, que foram ligeiramente mais elevadas para a dieta suplementada com uma dose elevada de P169 em comparação com a dieta de controlo.
3- A suplementação de P169 não teve efeito significativo sobre o valor nutritivo da ração experimental. Os valores de DCP foram de 9,83, 10,39 e 10,08%; os valores de TDN foram de 61,06, 62,99 e 62,60%; os valores de $NE_l$ foram de 1,38, 1,42 e 1,41% para o controlo, baixa dose e alta dose de P169, respetivamente.
4- Os resultados mostraram que os animais alimentados com P169 registaram os valores mais baixos de pH do licor ruminal em todos os momentos de amostragem, em comparação com os animais alimentados com a ração de controlo.
5- Os valores da amónia ruminal foram ligeiramente superiores ($P<0,05$) para os animais alimentados com doses elevadas de P169 em comparação com os animais alimentados com doses baixas de P169 e com os grupos de controlo às 3 e 6 horas após a alimentação. O valor médio de $NH_3$-N seguiu a mesma tendência.
6- Não houve efeito significativo da alimentação com P169 durante todo o tempo nas concentrações totais de AGV. No entanto, foram observados aumentos nos AGV com o controlo *vs.* a suplementação com P169 após a alimentação. Assim, os valores

médios tenderam a ser baixos para os animais alimentados com P169 versus o controlo.

7- O acetato ruminal não apresentou valores significativos com a alimentação com P169, no entanto, o acetato ruminal aumentou ligeiramente com os animais alimentados com uma dose elevada de P169 às 3 e 6 horas após a alimentação, em comparação com a dose baixa e a ração de controlo. Além disso, os valores médios de acetato ruminal aumentaram com o tratamento de alta dose de P169 do que com os outros.

8- O propionato ruminal registou os valores mais elevados ($P<0,05$) com a dose baixa de P169 em comparação com os outros tratamentos nos tempos 0 e 3 horas, respetivamente, e registou um efeito significativo às 6 horas após a alimentação. Assim, os valores médios para a dose baixa foram significativamente ($P<0,05$) aumentados em comparação com os outros tratamentos.

9- Os tratamentos não afectaram ($P>0,05$) as proporções de isobutirato nos tempos zero, 3 e 6 horas. No entanto, a dose baixa P169 registou valores significativamente mais baixos ($P<0,05$) com isobutirato.

10- Acetato:propionato registou valores mais baixos ($P<0,05$) para os animais alimentados com uma dose baixa de P169 do que o controlo e os animais alimentados com uma dose alta em 6,7 e 11,2%, respetivamente.

11- As concentrações de glucose no plasma aumentaram de forma insignificante ($p>0,05$) com as dietas que continham doses baixas e altas de P169, em comparação com a dieta de controlo. Os valores foram: 65,30, 71,80 e 76,92 mg/dl para a glucose plasmática e 142,7, 155,4 e 171,0 mg/dl para o colesterol plasmático nas dietas de controlo, baixa dose e alta dose de P169, respetivamente.

12- As concentrações plasmáticas de β-hidroxibutirato diminuíram de forma insignificante ($p>0,05$) com dietas contendo P169. As concentrações foram de 1,12, 0,75 e 0,90 mmol/L para o controlo, a dose baixa e a dose elevada de P169, respetivamente.

13- A alimentação com dietas suplementadas com P169 aumentou de forma insignificante as concentrações plasmáticas de triglicéridos e lípidos totais em todos os tratamentos, em comparação com a dieta de controlo. Os valores foram de 101,6, 102,8 e 107,7 mg/dl para os triglicéridos e 428,6, 469,3 e 476,9 mg/dl para os lípidos totais, no controlo, na dose baixa e na dose alta de P169, respetivamente.

14- A produção média diária real de leite e a FCM a 4% aumentaram de forma insignificante (p<0,05) com as búfalas alimentadas com dietas suplementadas com P169 em comparação com a dieta de controlo, sendo 100, 105 e 104,5% para a ração de controlo, baixa dose e alta dose suplementada, respetivamente.

15- Os constituintes do leite, incluindo gordura, sólidos totais, sólidos não gordurosos, proteínas totais e percentagens e rendimentos de lactose não foram significativamente afectados pela adição de P169 em comparação com o controlo. No entanto, os rendimentos dos constituintes do leite foram (P>0,05) insignificantemente mais elevados entre os grupos de tratamento dietético em comparação com o controlo.

16- Os ácidos gordos do leite foram (P>0,05) melhorados para todas as classes (ácidos gordos de cadeia curta, média e longa) quer com doses baixas quer com doses elevadas de P169, em comparação com o controlo, com exceção das búfalas que foram alimentadas com a ração de controlo e que melhoraram os ácidos gordos incluindo C18:0, C18:1n9c e C18:2n6t.

17- Os resultados indicaram que a suplementação com P169 representou os valores mais elevados de conversão de MS, sendo 1,22 kg vs. 1,16 kg para o controlo. A eficiência económica foi melhorada em 7,8% para o grupo alimentado com uma dose baixa de P169, mas o grupo alimentado com uma dose elevada de P169 não teve lucro em comparação com o grupo alimentado com a ração de controlo.

# REFERÊNCIAS

**Akay, V. e Dado, R.G. (2001).** Efeitos da estirpe P5 *de Propionibacterium* na produção in vitro de ácidos gordos voláteis e na digestibilidade da fibra e do amido. Turk. J. Vet. Anim. Sci., 25:635-642.

**Aleman, M.M.; Stein, D.R.; Allen, D.T.; Perry, E.; Lehloenya, K.V.; Rehberger, T.G.; Mertz, K.J.; Jones, D.A. e Spicer, L.J. (2007).** Effect of feeding two levels of propionibacteria to dairy cows on plasma hormones and metabolites. J. Dairy Res., 74:146-153.

**Allain, C.C.; Poon, L.S. e Chan, C.S. (1974).** Determinação enzimática do colesterol total no soro. Clin. Chem., 20:470475.

**Allen, M.S. (2000).** Effects of diet on short-term regulation of feed intake by lactating dairy cattle. J. Dairy Sci., 83:1598-1624.

**Allen, T. (2001).** Os efeitos da alimentação com um produto microbiano vivo no desempenho do confinamento e no valor da carcaça de novilhos em acabamento alimentados com ração húmida de glúten de milho. Relatório de Investigação sobre Carne de Bovino - Universidade do Estado do Iowa. pp. 22-24.

**Association of Official Analytical Chemists, A.O.A.C. (1995).** Methods of Analysis. Vol. 1: Agricultural Chemicals, Contaminants, Drugs. 16th ed. Association of Official Analytical Chemists, Washington, D.C., EUA.

**Baile, C. (1971).** Metabolitos como feedbacks para o controlo dos locais receptores do consumo de ração em cabras e ovelhas. Physiol. Behav., 7:819-826.

**Bines, J.A. e Hart, J.C. (1984).** The response of plasma insulin and other hormones to intraruminal infusion of VFA mixture in cattle. Can. J. Anim. Sci., 64(Suppl.):304-305.

**Boyd, J.A. (2009).** The effect of Supplementing High Yielding Holstein Cows with Botanical Extracts, Bacterial Inoculants, or Dietary Glycerol during Heat Stress, and The effect of Dietary Glycerol in Transition Cow Diets on Subsequent and Efficiency. Tese de doutorado, Athens, Geórgia, 163p.

**Bush, J.; Kathryn, R.W.; Russell e Young, J.W. (1979).** Separação quantitativa de ácidos gordos voláteis por cromatografia líquida de alta pressão. J. Liquid Chrom., 2(9):1367-1374.

**Igreja. D.C. (1988).** The Ruminant Animal Digestive Physiology and Nutrition. Ruminal fermentation, pp.145-171, 2nd Ed. A. Reston. Books. New Jersy.

**Conway, E.F. (1957).** Análise de Modificação e Erro Volumétrico. Rev. Ed. Lockwood, Londres.

**Dado, R.G.; Mertens, D.R. e Shook, G.E. (1993).** Requisitos de energia metabolizável e proteína absorvida para a produção de componentes do leite. J. Dairy Sci., 76:1575-1588.

**Daivis, P.M. (2006).** Effects of Diret Fed Microbials on Concentrations of Glucose and Insulin in Plasma and Animal Performance (Efeitos da Alimentação Direta com Microbianos nas Concentrações de Glicose e Insulina no Plasma e no Desempenho Animal). MS. Tese, Oklahoma State Univ., 77p.

**Davidson, C.A. (1998).** O isolamento, caraterização e utilização de *Propionibacterium* como um microbiano de alimentação direta para bovinos de carne. Tese de Mestrado, Universidade Estadual de Oklahoma, Stillwater, 98p.

**Drackley, J.K. (1999).** Biologia das vacas leiteiras durante o período de transição: a última fronteira? J. Dairy Sci., 82:2259-2273.

**Drackley, J.K.; Overton, T.R. e Douglas, G.N. (2001).** Adaptações do metabolismo da glicose e dos ácidos gordos de cadeia longa no fígado de vacas leiteiras durante o período periparto. J. Dairy Sci., 84 (E Suppl.):E100-E112.

**Duncan, D.B. (1955).** Multiple Range and Multiple F Test. Biometrics, 11 (1):1-42.

**Elam, N.A.; Gleghorn, J.F.; Rivera, J.D.; Galyean, M.L.; Defoor, P.J.; Brashears, M.M. e Younts-Dahl, S.M. (2003).** Effects of live cultures of *Lactobacillus acidophilus* (strains NP45 and NP51) and *Propionibacterium freudenreichii* on performance, carcass, and intestinal characteristics, and Escherichia coli strain O157 shedding of finishing beef steers. J. Anim. Sci., 81:26862698.

**FAOSTAT** |© Divisão de Estatística da FAO. (2010). Disponível: http://www.fao.org/economic/the-statistics-division

**FDA. (2003).** Gabinete de Assuntos Regulamentares: Guias de Política de Conformidade. Sec. 689.100 Diret-Fed Microbial Products (CPG 7126.41).Available:http://www.fda.gov/ora/compliance_ref/cpg/ cpgvet/ cpg689-100.html. Acessado em 29 de janeiro de 2003.

**Filya, I.; Sucu, E. e Karabulut, A. (2004).** O efeito de *Propionibacterium acidipropionici,* com ou sem *Lactobacillus plantarum*, na fermentação e estabilidade aeróbica de silagens de trigo, sorgo e milho. J. of Appl. Microbiol, 97:818-826.

**Francisco, C.C.; Chamberlain, C.S.; Waldner, D.N.; Wettemann, R.P. e Spicer, L.J. (2002).** *Propionibacteria* fed to dairy cows: effects on energy balance, plasma metabolites and hormones, and reproduction. J. Dairy Sci., 85:1738-1751.

**Frohlich-Wyder, M.T.; Bachmann, H.P. e Casey, M.G. (2002).** Interação entre *propionibactérias* e bactérias lácticas iniciadoras/não iniciadoras em queijos de tipo suíço. Lait, 82:1-15.

**Fuller, R. (1989).** Probiotics in man and animal. J. Appl. Bacteriol., 66:365.

**Gaines, W.L. (1928).** A base energética da medição da energia do leite em vacas leiteiras. Univ., Illinois Agric. Experiment Station. Boletim No. 308.

**Galbraith, E.A.; Smith, A.H.; Mertz, K.J.; Wu, Z. e Ferguson, J.D. (2010).** Efeito dos produtos microbianos de alimentação direta (DFM) nas comunidades bacterianas do rúmen em vacas Holstein às 2 e 6 semanas pós-parto. J. Dairy Sci., Vol. 93, E-Suppl. (Resumos).

**Galyean, M.L.; Nunnery, G.A.; Defoor, P.J.; Salyer, G.B. e Parsons, C.H. (2000).** Effects of live cultures *of Lactobacillus acidophilus* (Strains 45 and 51) and *Propionibacterium freudenreichii* PF-24 on performance and carcass characteristics of finishing beef steers. Acesso em 27 de junho de 2002. Disponível em: http://www.asft.ttu.edu/bumettcenter/progressreports/bc8.pdf.

**Geishauser, T.; Leslie, K. e Tenhag J. (2002).** Investigações sobre o efeito de comprimidos de propionato de sódio (E-PIlLfi) na concentração de cetonas no sangue de vacas leiteiras. Prakt. Tierarzt, 83:1078-1081.

**Ghoneim, A. (1967).** "Nutrição Animal". II. Applied Animal Nutrition. 6th Ed., Anglo, Cairo, Egito (árabe). .

**Ghorbani, G.R.; Morgavi, D.P.; Beauchemin, K.A. e Leedle, J.A. (2002).** Effects of bacterial direct-fed microbials on ruminal fermentations, blood variables, and microbial populations of feedlot cattle. J. Anim. Sci., 80:1977-1986.

**Grigsby, K.N.; Kerley, M.S.; Paterson, J.A. e Weigel, J.C. (1993).** Combinações de amido e fibra digestível em suplementos para novilhos que consomem uma dieta de feno de bromegrass de baixa qualidade. J Anim Sci., 71:1057-1064.

**Herdt T.H. (1988).** Fígado gordo em vacas leiteiras. Vet. Clin. North Am.: Food Anim. Pract., 269-287.

**Herdt, T.H.; Rumbeina, W. e Braselton, W.E. (2000).** A utilização de análises sanguíneas para avaliar o estado mineral em animais de criação. Vet. Clin. North Am.: Food Anim. Pract., 16:423-444.

**Holzapfel, W.H.; Haberer, P.; Snel, J.; Schillinger, U. e Huis Veld, J.H.J. (1998).** Overview of gut flora and probiotics (Visão geral da flora intestinal e probióticos). Int. J. Food Microbiol, 41:85-101.

**Hoover, W.H. (1986).** Factores químicos envolvidos na digestão da fibra ruminal. J. Dairy Sci., 69:2755-2766.

**Huck, G.L.; Kreikemeier, K.K. e Ducharme, G.A. (2000).** Efeitos da alimentação de dois aditivos microbianos em sequência no desempenho do crescimento e nas caraterísticas da carcaça de novilhas em acabamento. Dia dos Criadores de Gado da Universidade do Estado do Kansas 2000, Relatório de Progresso, KSU Agric. Exp. St., and Coop. Ext. Service. pp. 3234.

**Hugenholtz, J.; Hunik, J.; Santos, H. e Smid, E. (2002).** Produção de nutracêuticos por *propionibactérias*. Lait, 82:103-112.

**Kim, S.W. e Rust, S.R. (2002).** Effects of *Propiobacterium acidipropionici,* strain DH42 as a direct-fed microbial on the performance and carcass characteristics of feedlot steers. Michigan State Univ. Beef cattle, sheep and forage systems research and demonstration report, Michigan State Univ., East Lansing, pp.107-112.

**Kim, S.W.; Standorf, D.G.; Roman-Rosario, H.; Yokoyama, M.T. e Rust, S.R. (2000).** Potencial utilização de *Propionibacterium acidipropionici* estirpe DH42, como microbiano de alimentação direta para bovinos. J. Anim. Sci., 78(Suppl.1):292 p.(Abstr.).

**Klebaniuk, R; Matras, J. e Kowalczuk, E. (2009).** Parâmetros do perfil metabólico do sangue de vacas alimentadas com uma dieta com aditivo glucogénico. Medycyna Wet., 65 (11):765-770.

**Kmet, V.; Flint, H.J. e Wallace, R.J. (1993).** Probióticos e manipulação do desenvolvimento e função do rúmen. Arch. Anim. Nutr., 44:1-10.

**Kung, L. (2001).** Microbianos de alimentação direta para vacas leiteiras. Actas 12th Annual Florida Rumin. Nutr. Symp. Univ. of Florida, Gainesville, pp. 22-28.

**Lean, I.J.; Farver, T.B.; Troutt, H.F.; Bruss, M.L.; Galland, J.C.; Baldwin, R.L.; Holmberg, C.A. e Weaver, L.D. (1992).** Análise de correlação cruzada de séries temporais de relações pós-parto entre metabolitos séricos e variáveis de rendimento em vacas Holstein. J. Dairy Sci., 75:1891-1900.

**Lehloenya, K.V.; Krehbiel, C.R.; Mertz, K.J.; Rehberger, T.G. e Spicer, L.J. (2008b).** Effects of *propionibacteria* and yeast culture fed to steers on nutrient intake and site and extent of digestion. J. Dairy Sci., 91:653-662.

**Lehloenya, K.V.; Stein, D.R.; Allen, D.T.; Selk, G.E.; Jones, D.A.; Aleman, M.M.; Rehberger, T.G.; Mertz, K.J. e Spicer, L.J. (2008a).** Effects of feeding yeast and propionibacteria to dairy cows on milk yield and components and reproduction. J. Anim. Physiol. Anim. Nutr., 92:190-202.

**Lucas, H.L. (1956).** Ensaios de troca para mais de dois tratamentos. J. Dairy Sci., 39:146-154.

**Martens, J. H.; Barg, H.; Warren, M.J. e Jahn, D. (2002).** Produção microbiana de vitamina B12. Appl. Microbiol. Biotech, 58:275-285.

**McDonald, P.; Edwards, R.A.; Greenhalgh, J.F.D. e Morgan, C.A. (1987).** Animal Nutrition. 5th ed. Longman Singapore Pub. Longman Singapore Pub. (Pte) Ltd., Singapura, 202 p.

**McDonald, P.; Edwards, R.A.; Greenhalgh, J.F.D. e Morgan, C.A. (2002).** Animal Nutrition. 6th ed. Pearson Education Limited, Harlow, Reino Unido, 708 p.

**McPeake, C.A.; Abney, C.S.; Kizilkaya, K.; Galyean, M.L.; Trenkle, A.H.; Wagner, J.J.; Ware, D.R. e Rust, S.R. (2002).** Effects of direct-fed microbial products on feedlot performance and carcass characteristics of feedlot steers. Proc. Plains Nutr. Conselho, Texas A&M Agric. Exp. Sta. Publ. No. AREC 02-02 133 p. (Abstr.)

**Mead, L.J. e Jones, G.A. (1981).** Isolamento e identificação presuntiva de bactérias epiteliais aderentes (bactérias "epimurais") da parede do rúmen de ovinos. Appl. Environ. Microbiol, 41:1020-1028.

**Melendez, P.; Donovan, A.; Risco, C.A.; Hall, M.B.; Littell, R. e Goff, J. (2002).** Respostas metabólicas de vacas Holstein em transição alimentadas com sais aniónicos e suplementadas no parto com cálcio e energia. J. Dairy Sci., 85:1085-1092.

**Merry, R.J. e Davies, D.R. (1999).** *Propionibacteria* and their role in the biological control of aerobic spoilage in silage. Lait, 79: 149-164.

**Moore, W.E.C. e Holdeman, L.V. (1974).** Manual de bacteriologia determinativa de Bergey, género I. *Propionibacterium*. Em R.E.Buchanan e N.E.Gibbons (ed.), 8th ed., The Williams & Wilkins Co. The Williams & Wilkins Co., Baltimore. pp.633-641.

**Conselho Nacional de Investigação (2001).** Nutrient Requirements of Dairy Cattle (Necessidades de nutrientes do gado leiteiro). 7a ed. rev. National Academy Press, Washington, DC. 408p.

**NRC. (1985).** Nutrient Requirements of Sheep (Necessidades de nutrientes dos ovinos). 6th Ed., Washington, D.C. National Academy of Sciences. 45p.

**Oba, M. e Allen, M. (2003).** A extensão da hipofagia causada pela infusão de propionato está relacionada com a concentração de glucose plasmática em vacas leiteiras em lactação. J. Nutr., 133:1105-1112.

**Ondarza, M.B. e Seymour, W.M. (2008).** Estudo de caso: Efeito da suplementação com *propionibactérias* na produção de leite e nos componentes do leite de vacas leiteiras.

The Professional Animal Scientist, 24:254-259.

**Osborn, B.S. (2004).** Efeitos de culturas vivas de *Lactobacillus acidophilus* no desempenho e nas caraterísticas de carcaça de novilhos de corte em fase de acabamento. Tese de Mestrado. Universidade Técnica do Texas. Lubbock, 57 p.

**Oshio, S.; Tahata, I. e Minato, H. (1987).** Efeitos de dietas com diferentes proporções de forragem grosseira e concentrado na microflora de novilhas. J. Gen. Appl. Microbiol, 33:99-100.

**Owens, F.N.; Secrist, D.S.; Hill, W.J. e Gill, D.R. (1998).** Acidosis in cattle: A review. J. Anim. Sci., 76:275-286.

**Park, S.J.; Park, C.W.; Kim, S.J.; Kim, J.K.; Kim, Y.R.; Park, K.A.; Park, K.A.; Kim, J.O. e Ha, Y.L. (2002).** Métodos de metilação para a análise quantitativa de isómeros de ácido lenoleico conjugado (CLA) em várias amostras de lípidos. J. Agric. Food Chem., 50:989-996.

**Petit, H.V.; Dewhurst, R.J.; Proulx, J.G.; Khalid, M.; Haresign, W. e Twangira mungu, H. (2001).** Produção de leite, posição do leite e função reprodutiva de vacas leiteiras alimentadas com diferentes gorduras. Can. J. Anim. Sci., 81:263 -271.

**Piennar J.P.; Roux, C.Z. e Kuhn, G.P. (1990).** Effect of starch fermentation in the rumen on voluntary intake of roughage and kinetics of digestion. S. Afr. J. Anim. Sci., 20 (40): 207-212.

**Rabiee, A.R. e Lean I.L. (2000).** Uptake of glucose and cholesterol by the ovary of sheep and cattle and the influence of arterial LH concentrations. Anim. Reprod. Sci., 64, 199-209.

**Raeth-Knight, M.L.; Linn, J.G. e Jung, H.G. (2007).** Effect of direct-fed microbials on performance, diet digestibility, and rumen characteristics of Holstein dairy cows1. J. Dairy Sci., 90:1802-1809.

**Reader, J. (2003).** Bónus da análise do perfil sanguíneo. Dairy Farmer. Nutrition, 3: 70-72.

**Reist, M.; Erdin, D.K.; von Euw, D.; Tschum, K.M.; Leuenberger, H.; Hammon, H.H.; Morel, C.; Philipona, C.; Zbinden, Y.; Kunzi, N. e Blum, J.W. (2003).** Função reprodutiva pós-parto: associação com o estado energético, metabólico e endócrino em vacas leiteiras de alta produção. Theriogenology, 59:17071723.

**Reynolds, C.K.; Aikman, P.C.; Lupoli, B.; Humphries, D.J. e Beever, D.E. (2003).** Splanchnic metabolism of dairy cows during the transition from late gestation through early lactation. J. Dairy Sci., 86:1201-1217.

**Richmond, W. (1973).** Preparação e propriedades de uma colesterol oxidase de Nocardia sp. E sua aplicação ao ensaio enzimático do colesterol total no soro. Clin. Chem., 19(12):1350- 1356.

**Robinson, P.H.; Tamminga, S. e Van Vuuren, A.M. (1986).** Influência da diminuição do nível de ingestão de alimentos e da variação da proporção de amido no concentrado sobre a fermentação ruminal em vacas leiteiras. Livestock Prod. Sci., 15:173-189.

**Rogers, J.A. e Davis, C.L. (1982).** Produção de ácidos gordos voláteis no rúmen e utilização de nutrientes em novilhos alimentados com uma dieta suplementada com bicarbonato de sódio e monensina. J. Dairy Sci., 65:944-952.

**Rossi, F.; Torriani, S. e Dellaglio, F. (1999).** Deteção de *propionibactérias* lácteas em amostras ambientais com base em PCR específica para o género e a espécie, utilizando primers direcionados para os genes que codificam o 16S r-RNA. Appl. Environ. Microbiol., 65:42414244.

**Rust, S.R.; Metz, K. e Ware, D.R. (2000).** Efeitos da cultura ruminal Bovamine ™ no desempenho e nas caraterísticas da carcaça de novilhos em confinamento. Mich. Agric. Exp. Sta. Bovinos de Carne Bovina, Ovinos e Sistema de Pesquisa de Forragem Dem. Relatório 569:22-26. Disponível: http://beefans.msu.edu/Extension/Publications/Beef_S heep_and_Forage Researc/MSU Beef Sheep and Forage Report 2000.pdf Acesso em 15 de setembro de 2003.

**Sauer, F.D.; Kramer, J.K.G. e Cantwell, W.J. (1989).** Antiketogenic effects of monensin in early lactation. J. Dairy Sci., 72:436- 442.

**Seal, C.J. e Parker, D.S. (1994).** Effect of intraruminal propionic acid and infusion on metabolism of mesenteric and portal drained viscera in growing steers fed a forage diet. I. Ácidos gordos voláteis, glucose e lactato. J. Anim. Sci., 72:1325-1334.

**Spicer, L.J.; Tucker, W.B. e Adams, G.D. (1990).** Insulin-like growth fator-I in dairy cows: Relationships a mong energy balance, body condition score, ovarian activity, and estrous behavior. J. Dairy Sci., 73:929 -937.

**Spicer, L.J.; Vernon, R.K.; Tucker, W.B.; Wettemann, R.P.; Hogue, J.F. e Adams, G.D. (1993).** Effects of inert fat on energy balance, plasm a concent rations of hormones and reproduction in dairy cows. J. Dairy Sci., 76:2664 -2673.

**Stein, D.R.; Allen, D.T.; Perry, E.B.; Bruner, J.C.; Gates, K.W.; Rehberger, T.G.; Metz, K.; Jones, D. e Spicer, L.J. (2006).** Effects of feeding *Propionibacteria* to dairy cows on milk yield, milk components, and reproduction. J. Dairy Sci., 89:111-125.

**Swinney-Floyd, D.; Gardner, B.A.; Owens, F.N.; Rehberger, T. e Parrot, T. (1999).** Effect of inoculation with *Propionibacterium* stram P-63 alone or combined with *Lactobacillus acidophilus* strain LA53545 on performance of feedlot cattle. J. Anim. Sci., 77(Suppl. 1):77. (Abstr.)

**Thompson, K.S. (2011).** Efeito do local de infusão de *lactobacillus acidophilus* e *propionibacterium freudenreichii* na produção e digestibilidade de nutrientes em vacas leiteiras em lactação. Tese de Mestrado da Universidade Estadual de Oklahoma, Stillwater, Oklahoma. 63p.

**Tietz, N.W. (1970).** Fundamentals of Clinical Chemistry. 1st ed. W. B. Saunders Co., Philadelphia, 983p.

**Tietz, N.W. (1999).** Text Book of Clinical Chemistry. 3rd ed. editado por Carl A. Burtis e Edward R. Ashwood, W. B. Saunders Co., Philadelphia, 1917p.

**Trinder, P. (1969).** Determinação da glucose no sangue utilizando a glucose oxidase com um recetor de oxigénio alternativo, Ann. Clin. Biochem, 6: 24-27.

**Van Keullen, J. e Young, B.A. (1977).** Avaliação das cinzas insolúveis em ácido como marcador natural em estudos de digestibilidade de ruminantes. J. Anim. Sci., 44: 282-287.

**Van Knegsel, A.T.M.; van den Brand, H.; Dijkstra, J.; van Straalen, W.M.; Jorritsma, R.; Tamminga, S. e Kemp, B. (2007).** Effect of glucogenic vs. lipogenic diets on energy balance, blood metabolites, and reproduction in primiparous and multiparous dairy cows in early lactation. J. Dairy Sci., 90:3397-3409.

**Van Soest, P.J.; Robertson, J.B. e Lewis, B.A. (1991).** Métodos para fibra alimentar, fibra detergente neutra e polissacáridos não amiláceos em relação à nutrição animal. J. Dairy Sci., 74:3583- 3597.

**Vasconcelos, J.T.; Elam, N.A.; Brashears, M.M. e Galyean, M.L. (2008).** Efeitos de doses crescentes de culturas vivas de *Lactobacillus acidophilus* (Estirpe NP 51) combinadas com uma dose única de *Propionibacterium freudenreichii (*Estirpe NP 24) no desempenho e nas caraterísticas de carcaça de novilhos de corte em terminação. J Anim. Sci., 86:756-762.

**Vedamuthu, E.R. e G.W. Reinbold. (1967).** O uso de incubação em frasco de candleoats para a contagem, caraterização e estudo taxonómico de Propionibacteria. Milchwissenchaft, 22:428431.

**Wallace, R.J. (1994).** Ruminal microbiology, biotechnology, and ruminant nutrition: Progress and problems. J. Anim. Sci., 72:2992- 3003.

**Warner, A.C.I. (1964).** Produção de ácidos gordos voláteis no rúmen, métodos de medição. Nutr.Abst. and Rev., 34:339.

**Weimer, P.J. (1998).** Manipulação da fermentação ruminal: Uma perspetiva ecológica microbiana. J. Anim. Sci., 76:3114-3122.

**Weiss, W.P.; Wyatt, D.J. e McKelvey, T.R. (2008).** Effect of feeding *propionibacteria* on milk production by early lactation dairy cows. J. Dairy Sci., 91:646-652.

**West, J.W. e Bernard, J.K. (2011).** Efeitos da adição de inoculantes bacterianos às dietas de vacas leiteiras em lactação sobre o consumo de ração, a produção de leite e a composição do leite. The Professional Animal Scientist, 27:122-126.

**Yang, W.Z.; Beauchemin, K.A.; Vedres, D.D.; Ghorbani, G.R.; Colombatto, D. e Morgavi, D.P. (2004).** Efeitos da suplementação microbiana com alimentação direta na acidose ruminal, digestibilidade e síntese de proteínas bacterianas em cultura contínua. Animal Feed Sci. and Techn., (114): 179-193.

**Yoon, I.K. e Stern, M.D. (1995).** Influence of direct-fed microbials on microbial fermentation and performance of ruminants. Asian- Australas. J. Anim. Sci., 8:533-555.

**Young, D.S. (2000).** Effects of drugs on clinical laboratory testes, 5[rd] ed. AACC. Press Washington, 2200p.

**Young, D.S.; Thomas, D.W.; Friedman. R.B. e Pestaner, L.C. (1972).** Effects of drugs on clinical laboratory tests. Clin. Chem., 18:1041.

**Zarate, G.; Ambrosini, V.M.D.; Chaia, A.P. e Gonzlez, S. (2002).** Alguns factores que afectam a adesão do probiótico *propionibacterium acidipropionici* CRL 1198 às células epiteliais intestinais. J. Microbiol, 48:449-457.

**Zollner, N. e Kirsch, K. (1962).** Microdeterminação de lípidos pela reação de sulfofosfovanilina. Z. Ges. Exp. Med., 135(61):545.

a aproximadamente $6x10^{10}$ CFU/d) a vacas no início da lactação sobre o balanço energético, a produção de leite, a composição, os metabolitos e as hormonas. A produção diária de leite (DMY) e a produção de leite corrigido para a gordura (4% FCM) não foram diferentes (*P*

>0,50) entre as vacas de controlo e as tratadas durante o estudo de 12 semanas. As vacas alimentadas com *Propionibacteria* tiveram uma maior percentagem de proteína do leite e de sólidos sem gordura (SNF) do que as vacas de controlo apenas na primeira semana de lactação. O tratamento também não afectou a percentagem de gordura do leite e de lactose.

MIX
Papier aus verantwortungsvollen Quellen
Paper from responsible sources
FSC® C105338

Printed by Books on Demand GmbH, Norderstedt / Germany